机井封填技术与实践

水利部水资源管理中心　编著

中国水利水电出版社
www.waterpub.com.cn
·北京·

内 容 提 要

    本书系统梳理了我国机井封填管理现状和存在主要问题，针对当前主要机井类型归纳提出不同的封填技术要求。结合地下水管理要求提出封填机井的管理流程、信息登记、封存管理等措施，分析了应急备用机井启用条件和程序。优选了典型地区案例，介绍了机井封填详细工作流程和管理措施。

    本书可供从事地下水资源管理与保护的管理人员阅读参考。

图书在版编目（ＣＩＰ）数据

机井封填技术与实践 / 水利部水资源管理中心编著
. -- 北京 ： 中国水利水电出版社，2018.12
  ISBN 978-7-5170-7216-4

  Ⅰ．①机… Ⅱ．①水… Ⅲ．①机井－密封填料 Ⅳ.
①TU991.12

中国版本图书馆CIP数据核字(2018)第284389号

书　　名	机井封填技术与实践 JIJING FENGTIAN JISHU YU SHIJIAN
作　　者	水利部水资源管理中心　编著
出版发行	中国水利水电出版社 （北京市海淀区玉渊潭南路1号D座　100038） 网址：www. waterpub. com. cn E-mail：sales@waterpub. com. cn 电话：（010）68367658（营销中心）
经　　售	北京科水图书销售中心（零售） 电话：（010）88383994、63202643、68545874 全国各地新华书店和相关出版物销售网点
排　　版	中国水利水电出版社微机排版中心
印　　刷	北京合众伟业印刷有限公司
规　　格	145mm×210mm　32开本　2.25印张　60千字
版　　次	2018年12月第1版　2018年12月第1次印刷
印　　数	0001—1000册
定　　价	22.00元

本 书 编 委 会

前言 FOREWORD

　　地下水具有重要的资源和生态环境功能，在保障我国城乡居民生活和生产供水、支持经济社会发展和维系良好生态环境方面具有重要作用，尤其是在特殊干旱年份或遭遇突发事件时，地下水是可靠的应急备用水源，对保障应急情况下的供水安全、维护社会稳定和降低灾害损失具有不可替代的作用。同时，地下水在形成、转换和运移过程中，对维持地表植被、调节江河径流、维系良好生态环境也具有十分重要的作用。目前，全国地下水开采量约为 1100 亿 m³。一些地表水源匮乏地区为满足经济社会发展用水需求，长期过量开采地下水。据统计，全国有 21 个省（自治区、直辖市）存在地下水超采问题，地下水超采区总面积约为 30 万 km²，年均超采量达 170 亿 m³，导致部分地区地下水资源枯竭、环境地质灾害频发、地下水污染加剧、生态系统退化，危及我国供水安全、粮食安全和生态安全。

　　党中央、国务院高度重视地下水管理工作，严格地下水管理与保护，开展地下水超采区综合治理，遏制地下水过度开发。我国地下水管理与保护工作面临着维持地下水资源可持续开发利用、生态环境保护、经济社会建设等多重挑战，总体工作与当前落实最严格水资源管理制度要求存在一定的差距。机井作为开发利用地下水资源最主要的设施，随着地下水开采量的增加，建设规模越来越大。机井在使用过程中，由于超过正常使用年限、地下水水位严重下降、井水水质恶化和管理不善等原因导致其失去使用价值，从而造成机井报废；同时，随着地下水超采区治理工作在全国范围内的推进，以及城市公共供水管网覆盖范围内自备井关闭、农业节水工作的开展，大量的机井需要停止使用。报废或者停止使用的机井如果不进行科学管理和合理处置，将是人民生命财产安全和地下水资源保护的潜在威胁。因此，开展机井封填技术研究工作，对规范机井封填监管、消除安全隐患、保护地下水资源具有重要意义。

本书的编写得到了有关单位和很多专家的大力支持和帮助，在此一并感谢。为本书提供参考资料和案例的单位（排名不分先后）有：水利部南水北调规划设计管理局、河北省水利厅、江苏省水利厅、河南省水利厅、陕西省水利厅、陕西省地下水监测管理局等。本书在编著过程中还参阅和引用了大量有关资料和成果，因篇幅有限，未一一列举，在此对有关单位及作者一并表示衷心感谢。由于时间和水平有限，疏漏和不足之处在所难免，敬请批评指正。

本书编写组

2018 年 5 月

目录 CONTENTS

第 1 章 绪论

1.1 地下水资源概况

地下水是水资源的重要组成部分，是构成并影响生态环境的重要因素。在我国，地下水因其分布广、水质好、不易被污染、调蓄能力强、供水保证程度高，已被广泛开发利用。地下水是我国，特别是北方地区重要的供水水源，在保障供安全中发挥着不可替代的作用。地下水还是我国重要抗旱应急水源和农村生活主要供水水源，在应对持续干旱、保障供水安全和粮食安全方面发挥着举足轻重的作用。地下水还具有重要的生态环境功能：地表水生态系统（河道基流、湿地、泉水等）和陆地非地带性植被都需要地下水的补给和调节，我国西北地区的平原天然绿洲更是需要地下水的支撑。

全国多年平均（1980—2000 年）年地下水资源量（矿化度 $M \leqslant 2g/L$）为 8218 亿 m^3，其中与地表水不重复计算量为 1024 亿 m^3。北方六区（松花江区、辽河区、海河区、黄河区、淮河区、西北诸河区）地下水资源量为 2458 亿 m^3；南方四区（长江区、东南诸河区、珠江区、西南诸河区）地下水资源量为 5760 亿 m^3。全国山丘区地下水资源量为 6770 亿 m^3，其中北方六区山丘区地下水资源量为 1376 亿 m^3，南方四区山丘区地下水资源量为 5394 亿 m^3；全国平原区地下水资源量为 1765 亿 m^3（含与山丘区的重复计算量 317 亿 m^3），其中北方六区平原区地下水资源量为 1383 亿 m^3，南方四区平原区地下水资源量为 382 亿 m^3。全国平原区可持续利用的地下水可开采量为 1230 亿 m^3。其中，北方六区平原区地下水可开采量为 991 亿 m^3；南方四区平原区地下水可开采量为 239 亿 m³。

2015 年，全国地下水供水量为 1069.2 亿 m³，其中北方地区占 89%。地下水供水量占总供水量的 18%，其中北方地区占 35%，海河流域地下水供水量占总供水量的 56%，河北省地下水供水量占比达到 71%。

长期以来，由于对地下水特性认识不足，加之经济社会发展需要，部分地区通过加大地下水开发利用来缓解水资源供需矛盾，导致了地下水超采，并引发了一系列生态环境及地质问题。

1.2　机井基本情况和分布特征

1.2.1　分类

地下水取水工程主要以取水井为主，按动力分类，取水井分为机电井和人力井两类；按构造分类，取水井分为管井、筒井、大口井、大骨料井、辐射井、多管井、坎儿井和马槽井等。其中，管井数量最多、分布最广泛、最为常见，是地下水开发利用最主要的途径；按用途分为两类：①灌溉农田（含水田、水浇地和菜田）、林果地、草场以及为鱼塘补水的灌溉井；②向城乡生活和工业供水的供水井，如自来水供水企业的水源井、村镇集中供水工程的水源井、单位自备井及居民家用水井等。

本书所述机电井是指以电动机、柴油机等动力机械带动水泵抽取地下水的水井，对于灌溉机电井，按照井口井管内径进行规模划分，即井口井管内径不小于 200mm 的灌溉机电井为规模以上灌溉机电井，井口井管内径小于 200mm 的灌溉机电井为规模以下灌溉机电井。对于供水机电井，按照日取水量进行规模划分，即日取水量不小于 20m³ 的供水机电井为规模以上供水机电井，日取水量小于 20m³ 的供水机电井为规模以下供水机电井。人力井是指以人力或畜力提取地下水的水井，如手压井、辘轳井等。

1.2.2　数量及分布

根据第一次全国水利普查结果（截至 2011 年底，不含港澳台），全国地下水取水井 9749 万眼，地下水取水量 1084 亿 m^3。其中，规模以上机电井 445 万眼，规模以下机电井 4937 万眼，人力井 4367 万眼。通过机井开采的地下水量 1040 亿 m^3，占地下水总取水量的 96%。

据统计，2015 年全国（不含西藏）纳入取水许可管理范围和规模以上机井保有量约为 442 万眼。其中城镇公共供水水源井约 2 万眼，不足总保有量的 1%，为 0.5%；企事业单位自备井约 13 万眼，占总保有量的 2.9%；农村生活供水井约 86 万眼，占总保有量的 19.5%；农业灌溉井约 333 万眼，占总保有量的 75.4%；其他类型井约 8 万眼，占总保有量的 1.7%（图 1.1）。河北、山东、河南机井保有量较多，3 个省份合计保有量占全国总保有量的 60%。广西、湖南、广东、湖北、福建、宁夏、青海、贵州、浙江、江西、海南、重庆、上海机井保有量较少，13 个省份合计保有量不足全国总保有量的 1%。

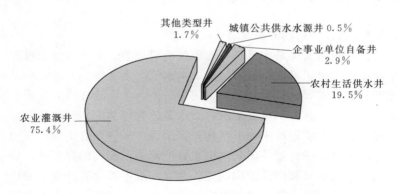

图 1.1　不同类型机井数量占比图

2015 年，上述机井实际取水总量 646 亿 m^3。其中城镇公共供水水源井取水量 63 亿 m^3，占总取水量的约 9.8%；企事业单位自备井取水量 88 亿 m^3，占 13.6%；农村生活供水井取水量

50 亿 m³，占 7.8%，农业灌溉井取水量 433 亿 m³，占总取水量的 67.0%，其他类型取水工程取水量 12 亿 m³，占总取水量的 1.8%（图 1.2）。

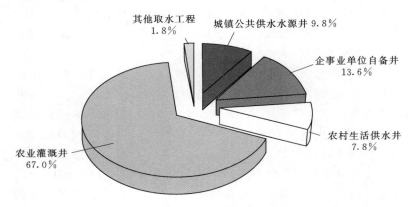

其他取水工程
1.8%

城镇公共供水水源井 9.8%

企事业单位自备井
13.6%

农村生活供水井
7.8%

农业灌溉井
67.0%

图 1.2　不同类型地下水取水工程取水量占比图

1.3　机井封填的背景

1.3.1　机井封填的对象

机井封填管理是规范机井管理的重要环节。机井在使用过程中，由于超过正常使用年限、地下水水位严重下降、井水水质恶化和管理不善等原因导致其失去使用价值，从而造成机井报废停用。近年来，各地积极贯彻最严格水资源管理制度，严格地下水管理和保护，积极推进地下水超采区治理，采取综合措施压减地下水开采量；按计划关闭公共供水管网覆盖范围内的自备井，进行农业节水灌溉和产业结构调整等，对一批不符合管理要求的机井实行关停封填。停用机井存在污染地下水、违法启用及安全隐患等风险，需要采取封填处置，因此机井封填的对象为：①达不到用水需求而功能性停用机井；②仍可正常使用但不符合当前地下水管理和保护政策的机井；③其他不符合法律法规要求需要关停实施封填处置的机井。

管理要求停用的井，多为公共供水管网覆盖范围内无取水许可证，取水许可证已到期，兼具地下水、公共管网供水双水源用水户的自备井，以及南水北调受水区内和超采区内一些责令关停的自备井。该类机井多为井径在 200mm 的管井和筒管井，水质、水量较好，建议采用封堵回填或压力注浆方式处理。对于离供水管网较近的，可以在紧急情况作为备用水源的采用封存处理。

封存机井主要集中在南水北调受水区内压采区和一些责令关停的自备井等地区；作为备用水源井，当遇到应急取水需要时，可以较快地恢复其原有的取水功能。封存应急的水井主要针对的是离供水管网较近、成井条件好、成井年限较短、出水量较大、水质没有受到污染的自备井。对于需要监测水位、水质的地区或偏远地区，将部分机井作为监测井封存。

1.3.2 机井封填的必要性

停用机井如果不进行合理处置和有效管理，易造成地下水污染、违法启用、安全隐患。

1. 井口裸露，存在安全隐患

机井停用后若没有进行回填或加盖处理，裸露的井口易对人畜生命安全构成威胁。尤其是在农村地区，停用机井散落田间地头，隐蔽性较强，无防护及标识，易导致人畜不慎坠落其中，造成伤亡和财产的损失。此类事件屡见不鲜，如 2016 年 11 月初，河北保定蠡县儿童坠井，不幸身亡，停用机井的安全问题引起社会关注。

2. 污染物进入，造成地下水污染

没有处置的停用机井直接沟通了地表和地下水含水层之间的联系，使得地表的工业废水、生活污水和地表污染物等很容易通过停用机井渗入地下，地表污染物（污水）未通过土壤或者其他介质的过滤直接进入到含水层中，造成地下水的点源污染，进而污染该井所在的含水层单元，影响周边地下水供水水质（图1.3）。这些污染物在含水层中随着地下水的流动而扩散，还会造成整个含水层的污染，对地下水的环境质量构成威胁。

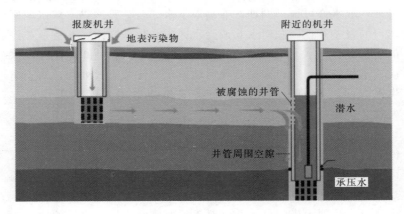

图 1.3　停用机井对周围的机井造成的危害

3. 地下水串层污染

凿穿多个含水层的停用机井，若止水设施失效，会导致含水层串联。特别是在咸水或卤水分布地区，停用机井易造成含水层的串层污染，致使整个含水系统的水质恶化。

河北衡水地区浅水中分布着咸水，因为停用机井的井管破损、封闭不严或滤料超过咸水底板，上层咸水通过停用机井渗入中深层淡水，并向四周扩散，造成含水层的水质恶化，大量深层淡水失去原有的使用价值。根据相关资料，衡水地区一眼报废 20 年左右的机井，在其周围 250～300m 范围内的水质已经严重恶化，其周围 500m 的范围内已不能布置新的井位，除非加大深度，垂向避开受"污染"的含水层，开采更深层的地下水。原咸水顶板深度在 50～80m，以前建设供水井时，深度在 200m 左右即可成井，使用钢筋水泥管材即可，成本大约 3.5 万元/眼。但是现在由于停用机井造成串层污染，使得在一些受到咸水污染的区域，新建设的机井的成井深度一般都超过了 400m，管材也相应地改成了钢管，成本增加到在 20 万元/眼以上。

综上所述，机井封填是机井管理的重要工作，对消除安全隐患、保护地下水资源具有重要意义。

1.3.3 机井封填工作的现状

《国务院关于实行最严格水资源管理制度的意见》（国发〔2012〕3 号）要求严格地下水管理和保护，在地下水超采区，禁止农业、工业建设项目和服务业新增取用地下水，并逐步压减超采量，实现地下水采补平衡；依法规范机井建设审批管理，限期关闭在城市公共供水管网覆盖范围内的自备水井；抓紧编制并实施全国地下水利用与保护规划以及南水北调东中线受水区、地面沉降区、海水入侵区地下水压采方案，逐步压减开采量。《水污染防治行动计划》要求依法规范机井建设管理，排查登记已建机井，未经批准的和公共供水管网覆盖范围内的自备水井，一律予以关闭；开展华北地下水超采区综合治理；防治地下水污染，报废矿井、钻井、取水井应实施封井回填。《国务院关于南水北调东中线一期工程受水区地下水压采总体方案的批复》中要求，受水区六省（直辖市）到 2020 年城区地下水年超采量比基准年（2005—2010 年）平均减少 22 亿 m^3，基本实现城区地下水采补平衡，到 2025 年非城区地下水超采量比基准年减少 18 亿 m^3，非城区地下水超采问题得到缓解，地下水压采总量达到 40 亿 m^3。据不完全统计，北京、天津、河北、山西、内蒙古、辽宁、江苏、安徽、山东、河南、广东、广西、海南、甘肃、宁夏等 15 个省（自治区、直辖市）开展了地下水超采区治理工作，2015 年共封填 5189 眼机井，其中河北封填机井最多，达 1968 眼，占全国统计数的 37.5％。详见表 1.1。

根据国务院批复的《南水北调东中线一期工程受水区地下水压采总体方案》，受水区北京、天津、河北、河南、山东、江苏 6 省（直辖市）大力推进配套工程建设，落实替代水源，积极做好地下水封井和压采工作。2015 年，北京市完成 105 家单位共 157 眼自备井置换，减少地下水开采量 1600 万 m^3；天津封填和停用开采井 270 眼，转换地下水水源用户 184 家，转换水量 1503 万

表 1.1　　　　　2015 年部分省（自治区、直辖市）
超采区压采工作成效统计

序号	行政区	压减取水量 /万 m³	封填机井数量 /眼
1	北京	—	1143
2	天津	1244.8	276
3	河北	25305.8	1968
4	山西	8586.1	303
5	内蒙古	544.5	57
6	辽宁	12912.0	178
7	吉林	—	—
8	黑龙江	—	—
9	上海	—	—
10	江苏	720.3	124
11	安徽	—	—
12	江西	—	—
13	山东	3194.2	174
14	河南	10807.2	907
15	广东	145.0	—
16	广西	24.8	8
17	海南	12.0	9
18	陕西	473.4	—
19	甘肃	1090.0	—
20	宁夏	751.4	42
21	新疆	—	—
合计		65811.5	5189

注　"—"为无统计数据。

m^3；河北受水区处置井数 874 眼（其中永久填埋 291 眼，封存备用 583 眼），压减地下水开采能力 1.85 亿 m^3；江苏受水区累计封井 1169 眼（其中，永久填埋 757 眼，封存备用 385 眼，改建为监测井的 27 眼），压采地下水量 3550 万 m^3；山东受水区封填自备水井 565 眼（其中浅层井 423 眼，深层井 142 眼），压减地下水开采能力 5196 万 m^3；河南受水区度处置井数 664 眼（其中永久填埋 391 眼，封存备用 269 眼），压减地下水开采能力 7758 万 m^3。

机井封填管理是规范机井管理的重要内容。现阶段因地下水超采区综合治理及城市供水管网覆盖范围内地下水压采中经地方政府各级部门组织的统一封闭关停的自备井，基本能够实现井口封闭处置，但除个别地区能够完全按照技术标准封填外，大部分地区是使用混凝土或土石料等简单封填；而自然报废的机井，特别是农业灌溉井，由于缺乏对产权人或使用权人的有效约束，大多数停用井没有得到合理封填处置。

与此同时，报废后需封填的机井类型比较多，加之多数停用机井成井于 20 世纪 60—80 年代，缺乏成井资料，给机井封填处置工作带来很大的困难。目前，我国尚未针对机井报废管理与处置出台统一的法律法规，也缺少操作性强的技术标准，加上地方对停用机井的危害性认识不足，缺少机井封填处置费用保障，部分停用机井产权不清等原因，使得机井封填处置工作滞后，对地下水管理和保护形成较大的隐患，急需对先进经验进行总结，进一步明确机井封填技术和管理要求，实现对机井处置工作的规范化管理。

第 2 章　国内外机井封填状况

　　目前，对于停用机井的处置方式主要有三种：一是填埋，即机井达到使用寿命或无法正常工作，按照合理的程序对其进行报废填埋；二是封存，即机井仍然可以使用，但考虑对地下水资源进行涵养和保护，对其进行封停备用，作为应急水源井；三是变更，即根据管理需求对机井的使用性质进行变更，例如不再作为取水井、改为监测井。本章将分析梳理国内外机井封填技术和管理的开展情况，分析存在的问题，总结机井封填的成功经验，为开展机井封填管理工作提供依据。

2.1　国外机井封填概况

2.1.1　国外机井封填技术

　　目前，在停用机井处置方面做得比较好的国家主要有加拿大和美国，例如加拿大的《安大略省水资源法案》，美国堪萨斯州的《健康和环境管理法律》、北达科他州的《行政管理法案》及其他一些州的法律都对停用机井的处置工作进行了规定。

　　1. 加拿大停用机井处置方法

　　加拿大《安大略省水资源法案》中规定的停用机井处置过程如下：

　　（1）有取水许可的水井，在回填前 30 天内必须将机井取水许可交回当地的主管部门。

　　（2）将损坏的井管、滤水管、水泵及其他井内的残留物取出；如果机井的井管和滤水管没办法全部取出，要取出地下水面以上的井管；如果地下水面以上的井管也不能取出，则至少地面以下 2m 内的井管必须取出。

（3）井管和周围的空隙用规定的材料进行回填，从机井的底部到离地面两三米的距离内必须填实，以防止地表污染物污染地下水。

（4）停用机井回填完成后要提请相关部门进行验收。

2. 堪萨斯州的停用机井处置方法

美国不同的州对停用机井的处置作出了不同的规定。美国北达科他州的《行政管理法案》、堪萨斯州的《健康和环境管理法律》、南达科他州的《环境和自然资源部门规章》及爱荷华州的《环境保护条例》第 38 章等都对停用机井的处置进行了详细的规定。

下面以美国堪萨斯州的《健康和环境管理法律》为例，来分析国外对停用机井处置的方式。由于机井的结构、水文地质条件和地质情况不同，停用机井的处置情况也不同，该州的停用机井处置方法不一定适用于所有的停用机井处置工作，但可作为一个技术指导。其做法如下：

（1）移除机井内的所有设备，包括水泵、井管、电缆等。

（2）记录机井的具体情况。对停用机井的深度、井径和静水位等进行登记，并与原来的机井资料进行对比，以便选取合适的回填材料。

（3）对井内的井水进行消毒。对井内的地下水通入足够量的氯气，使得水中氯离子的浓度达到 250mg/L，氯气的量根据井管的直径和井中的水量来确定。这些已消毒的井水在回填时要留在水井中。

（4）拔出井管。在停用机井回填前，井管应该被拔出。如果机井的井管整体结构没有受到破坏，要全部拔出；如果机井的使用时间较长，井管全部拔出很困难，则至少地面以下 3m 内的井管要全部拔出。

（5）停用机井回填。停用机井的回填材料最好是选用能阻止地下水垂向流动的透水性差的材料，一般回填都是使用混凝土进行回填。

3. 北达科他州的停用机井处置方法

美国北达科他州《行政管理法案》中在"水井建设和水井报废"中对停用机井的处置过程和回填使用的材料进行了详细的规定，具体的处置过程如下：

（1）测量机井的规模。主要测量机井的井径、深度、形状和井中的水位，以便确定回填材料的使用量。

（2）移除机井内所有可能妨碍回填的设备和杂物，包括水泵、水管、电缆和井水中的杂物等。

（3）使用家用消毒剂对井水进行消毒。常用的消毒剂为氯漂白剂，使用量应根据井管的直径和井中的水量来确定。

（4）用适当的回填材料进行回填。常用的回填材料有砂、碎石、黏土、膨胀土和混凝土等。

（5）拔出地面以下 0.94m 以内的井管，主要是为了不影响该地区正常的农业生产和建设活动。

（6）用原状土回填剩下的部分，并在地表形成蘑菇状，防止回填土的沉陷。

通过对国外停用机井的处置过程进行分析后认为，这些处置方法在防治地下水污染方面，以及通过井管内部串层污染的污染机井方面效果显著，但是对于井壁外围漏水的机井效果不理想。随着机井处理经验的积累和井下井管处理技术的发展，目前井下割断井管的工艺已经成熟，因此针对井管不易拔出的废弃机井，要求将咸淡界面隔水层的井管割断或打碎，然后再回填与隔水层相近或相似的材料，以尽可能恢复地层构造，尤其是隔水层原貌，体现分层回填的思想。

2.1.2　国外机井封填管理

国外有关法案中涉及停用机井管理的主要有加拿大《安大略省水资源法案》和美国各州的法律，这些法律对停用机井的管理和处置责任、处置的方法等都作出了详细的规定。

(1) 加拿大《安大略省水资源法案》对停用机井的处置责任和处置的程序都作出了明确的规定，其中第二十一条规定：机井的所有者或经营者负责停用机井的处置工作，具体的处置程序要根据本法案的规定来进行。

(2) 美国爱荷华州的《环境保护法》中的第三十九章对停用机井的处置要求进行了详细的规定。法案对停用机井进行了定义，根据机井的深度和井径对停用机井进行了分类，规定了停用机井的回填程序和回填材料，并且明确指出停用机井的所有者负责报废费机井的回填。

(3) 美国密西西根州的《地下水管理质量条例》中第127条对停用机井的类型、停用机井处置的责任人及处置的方法都作出了明确的规定。该条例规定：机井的产权人必须承担停用机井的回填责任，没有打成功的水井（例如干眼）由打井单位来负责停用机井的回填工作。

(4) 美国南达科他州的《南达科他州法律》46-6-18规定：机井的所有者负责停用机井的回填工作。46-6-27规定：如果机井的所有者新打机井来代替原来的机井，则原来的机井必须报废，在新机井使用前的30天内必须将报废的机井进行回填，停用机井必须回填到地表。水资源管理部门应该公布停用机井回填的标准，以保证公众的生命安全和健康安全。

(5) 美国得克萨斯州法律规定：如果机井连续六个月不使用，则认定该机井报废，机井的拥有者负责该机井的报废工作，并且对由停用机井造成的地下水污染或者其他损失负全部责任。

(6) 美国密苏里州的法律规定：在自然资源部门备案的机井在报废60天内必须回填，机井的拥有者或者承包人必须按照《密苏里州机井建设条例》规定来封填，自然资源部门会对整个封填情况进行监督和审查。如果报废的机井不进行合理封填，则主管部门不会批准另外建设新的机井。

2.2　我国机井封填工作的现状

　　机井作为开发利用地下水资源最主要的设施，随着地下水开采量的增加，建设规模越来越大。但由于水质污染、超采导致地下水水位大幅下降、机井损坏、管理需要等多种原因，每年都有大量机井废弃关停，其中大部分没有做任何防护措施或只做了石块、水泥板封口的简陋处理。未经妥善处置的机井不仅容易引起地下水串层污染、地表污水入渗等水污染问题，更是对人民群众的人身安全造成了威胁。

2.2.1　机井封填技术标准

　　目前许多省份都已开展了机井封填工作，2009 年，北京市出台了《停用机井处理技术规程》（DB11/T 671—2009），这是我国第一个有关机井报废方面的地方性技术标准。该规程对机井报废条件、停用机井处理的技术要求、封井验收等作出了规范，并规定了机井报废的判定、处理技术要求及验收内容。其中，有关机井报废处置措施主要有黏土回填、水泥浆回填、水泥砂浆回填和加盖处理等。《停用机井处理技术规程》规定了停用机井的判定标准，提出的技术要求和处理措施方法详尽、易于把握，封井验收的内容也能保证处理结果符合保护地下水的要求。但也存在一些不足：第一，就适用范围来说，该标准为地方标准，仅适用于北京市的各类停用机井的处理。第二，处理的措施中使用水泥浆和水泥砂浆的方法容易使地层结构遭到破坏，存在两方面的隐患：一是在地面沉降严重的地区，回填形成的水泥柱可能突出地面，使其他建筑物或是道路受到破坏；二是由于水泥柱的存在使得隔水层不连续，不能确保水泥柱外围不漏水，尤其是在黏土形成的隔水层区域，容易造成含水层串层污染。第三，该标准没有提出在机井处置前应对机井内存在的污水或者废料进行清除，这使得某些水质恶化的机井成为潜在的污染源。第四，没有对不同的处理措施所适用的停用机井类型进行说明。

除此之外，在一些涉及机井建设、维护等方面的技术标准中有相关内容提及机井封填：

(1)《供水管井技术规范》(GB 50296—2014)中规定，由于降水管井随地下工程竣工而废弃，同时为确保基础结构工程的安全与稳定，必须认真进行封闭。地下室结构施工至正负零、基坑周边已回填且不需继续降水时，对所有的降水井和观测孔都要进行封闭，可采取"以砂还砂，以土还土"的原则处理，也可采用井内注浆的措施，具体情况具体分析，但必须安全可靠。

(2)《机井技术规范》(GB/T 50625—2010)中规定了机井报废的条件：①因地下水水位下降，无法安装提水机械或已干涸的机井；②因地下水水质发生变化，机井水质已严重超过用水水质标准而无法通过修复进行改善的机井；③机井因井管歪斜、弯曲，井管破裂、错口、脱节，滤水管发生物理或化学原因堵塞，机井淤淀等原因发生的受损，导致无法修复或修复价值较低的机井；④其他原因需要报废的机井。

该规范规定了报废机井的处理方法：

1)报废机井的处理宜采用回填或封堵的方法。因地下水水质发生变化或受损无法修复而报废的机井，应采用回填的方法处理；因地下水水位下降而造成报废的机井，宜采用封堵的方法进行处理。

2)采用回填方法处理报废机井时，对于中、深机井应先用黏土球或黏土块回填至最上层不良含水层顶板以上5cm，然后用黏土回填至井口与地面齐平；浅井可用黏土回填。

3)采用封堵方法处理报废机井时，应做到坚固、严密，井口封堵与地面齐平。

4)在回填或封堵报废机井前，应对地面以下一定深度的井管进行割除。其割除深度应根据该机井所在土地的用途确定。

5)井台、井池、出水池及机泵、输变电设备、监测设备与防护设施等，应及时拆除并搬离现场。

(3)中国石油化工集团公司的企业标准《废弃井封井处置规

范》（Q/SH 0653—2015）对地上油气田废井的封井方式、技术要求、井口处置等作了详细的规定，可以作为废弃机井处理的参考。

2.2.2　机井封填管理政策

机井封填管理是水资源综合管理和保护的一项重要内容，在具体管理实践中有关停用机井管理方面较为薄弱。《国务院关于实行最严格水资源管理制度的意见》《水污染防治行动计划》等提出了关停封闭机井的要求，部分省（自治区、直辖市）结合本地管理需求在一些地下水管理政策法规中对停用或封填机井提出了管理要求。下面列举了我国一些地区有关机井报废管理方面的政策法规。

（1）《河北省地下水管理条例》第三十六条规定"依法需要关停、报废或者未建成已经停工的取水井，产权单位或者个人应当在停止取水或者停工之日起三十日内到取水审批机关注销取水许可证或者废止取水申请批准文件，并在取水井所在地县级人民政府水行政主管部门的监督下实施封闭"。第三十七条规定"对依法需要封闭并且年久失修、成井条件差或者因混合开采导致污染的取水井，取水井产权单位或者个人应当依照有关技术要求永久填埋；对依法需要封闭但成井条件好、水质水量有保证的取水井应当封存备用，并建立封存备用井启用制度，确保在特殊情况下，按照规定程序启用。封存备用的取水井经批准可以用做回灌井或者监测井"。

（2）《辽宁省地下水资源保护条例》第二十四条规定"填埋封井的，不得污染地下水资源"。第二十六条"取用地下水的单位和个人未按照规定的期限封闭地下水取水工程的，由水行政主管部门强制封闭，封闭费用由取水人承担"。第二十七条规定"未经批准开采地下水和在非应急情况下启用应急备用水源的地下水取水工程或者应急情况消除后未停止取水的，由水行政主管部门责令停止违法行为，限期采取补救措施，并处五万元以上十万元以下罚款"。

（3）《陕西省地下水条例》第三十九条规定"报废各类钻井、矿井和取水井应当由使用单位封井回填，保证封井回填质量，防止串层污染地下水"。

（4）《云南省地下水管理办法》第二十一条规定"不再使用的地下水取水工程，取用地下水的单位或者个人应当在停止取水的 30 日内到原审批机关办理取水许可证注销手续，取得采矿许可证的应当同时办理采矿许可证注销手续，并封闭或者拆除地下水取水工程"。第二十二条规定"封闭或者拆除地下水取水工程，应当由具有相应资质的施工单位承担，所需费用由取用地下水的单位或者个人承担。封闭或者拆除地下水取水工程，不得污染地下水"。

（5）《武汉市地下水管理办法》（2017 年修正本）第二十二条规定"地下水井连续停止取水满 2 年的，取水户应当按照技术规范封填取水井，由原审批机关注销其取水许可证。取水户拒不封填取水井的，由水行政主管部门代为封填，所需费用由取水户承担"。

（6）《南京市地下水资源保护管理办法》（2017 年修正本）第三十条规定"报废、闲置或者施工未完成的水源井，所属单位或者施工单位应当编制封填方案，并在水行政主管部门的监督下封填水源井，防止污染地下水"。

（7）《甘肃省石羊河流域地下水资源管理办法》第三十七条规定"对报废、闲置或者未完工的取水井，机井所有人应当采取封填等有效措施，防止污染地下水和安全事故发生"。

（8）《陕西省地下水取水工程管理办法》第十四条规定"对依法关停和报废的地下水取水工程，产权单位或者个人应当在工程停止取水之日起 30 日内到工程所在地县级地下水管理机构办理登记或者注销手续，并按照有关规范要求实施填埋。对依法关停但成井条件好、水质水量有保证的自备地下水取水工程，可以进行封存处理，纳入地下水应急水源体系"。

（9）《上海市深井管理办法》（2010 年修正本）第十九条规

定"因损坏严重或者建造房屋等需报废深井，经施工单位鉴定确属无法修复使用的，应当事先向深井管理部门备案，并按规定将深井填实，避免地下水质受到污染。如要拔除井管，应当委托施工单位办理，拔除井管后，也应当按规定把井孔填实"。

（10）《杭州市城市地下水管理规定》（2012 年修正本）第十二条规定"取水单位如淘汰、废弃深井的，应在停用之日起 15 日内向市城市供水行政主管部门办理注销手续，并在市城市供水行政主管部门会同有关部门的监督下，按规定要求进行封填"。

2.3　我国机井封填存在的问题

2.3.1　机井封填技术问题

通过对已开展机井封填工作地区的调研发现，在机井封填处置过程中存在一定的技术问题，主要表现在以下几个方面：

（1）机井建设基础资料较为缺乏。目前拟封填机井的凿井时间多为 20 世纪 60—80 年代，许多机井没有成井资料，特别是在一些较为偏僻的地区资料更为稀缺。由于基础资料不完备，造成机井封填工作不顺利。废井的井型、结构以及当地的水文地质条件，直接关系到机井封填处置方法的选取和封填效果的好坏。在废井封填前，应及时找到原井的相关地质资料，对于无法找到资料的废井，在条件允许的情况下应再次进行地质物探，弄清含水层和隔水层的位置。

（2）在封填过程中引发新的污染。中深层机井建设通常会凿穿多个含水层，在对其封填时除了要做好井孔处理工作外，还应进行分层封填以防止含水层相通引起的串层污染。分层封填是根据含水层的透水程度，选择不同砾径的砾料级配，以最大限度地还原原来的地质结构，确保原有含水层的透水率；对于隔水层的黏土一定要夯实，防止透水，造成串层污染。另外，机井封填后应尽可能地将井孔打捞干净，以防止遗留的污染物质长期存在于地层之下。

（3）封填处置不当引起的含水层堵塞。在封填机井时要做好对井管和滤料的清理，以防被废井残留的泥沙石块充填，阻塞含水层。由于很多废井建设年代久远，井底产生大量的流沙，淤积井底和井筒，在采用钻机破碎井管或拉拔井管后，不要立即停止施工进行下一道工序，还应向下钻进几米，一直钻到原有地层，以保证回填封闭效果。

（4）井管拔出操作难度较大。在整个机井封填处置过程中井管拔出是最困难的环节，处理不当甚至会造成安全事故。拔出井管最常用的办法是用吊机或者铲车等工具使用大力把井管从地下拉拔出来；而有些地方则采用两个千斤顶分别卡住井口和井下某一深度处，两处同时用力拔出井管。总体来看，无论采用哪种方法，都会在实际操作中使井管断裂，进而引起设备倒塌和死伤事故，目前对于井管拔出尚没有太好的方法可借鉴。

（5）有些地区机井封填施工困难。在一些地区，停用机井的位置偏僻，水电供应困难，有些井位几乎没有进出场道路，这就为机井封填工作带来很大的困难。

2.3.2 机井封填的管理问题

尽管在机井封填处置管理方面取得了一定进展，但由于该项工作起步较晚，在实际操作过程中仍存在许多问题，亟需构建一套完善的管理制度。其存在的管理问题总结如下：

（1）机井封填管理缺少法律制度支撑。目前，我国尚未针对机井封填管理与处置出台统一的法律法规，在调研的地区也没有专门的机构负责封填机井的管理和处置工作。在收集到的一些地区现有的机井管理条例中也只是部分条目涉及到封填机井的管理，但并没有详细的管理规定。

（2）机井封填工作缺少统一的技术要求。除了北京市出台了《报废机井处理技术规程》（DB11/T 671—2009）以外，在我国其他省份尚未专门出台针对封填机井处置的技术标准。这就造成许多机井（特别是农村地区）报废后基本上不进行处理，或者只进行简单的密封、填埋处置后就通过验收，留下了潜在的隐患和威胁。因此，应尽快制定有关机井封填后的全国统一标准，严格要求机井封填质量。

（3）机井封填的管理程序不规范。机井封填时，应首先向水行政主管部门提出申请，经审查通过后再找专业技术队伍对其进行封闭关停。但目前许多地方先自行封停机井，再补充相应的手续。这样往往机井封停工作不规范，容易破坏地下含水层、引起新的环境问题。

（4）农用井数量庞大，在产权方面疏于管理。封填机井的类型比较多，所属权也不同，这对封填机井的管理和处置造成了很大的困难，特别针对数量庞大的农用井，其产权管理混乱，责任主体不明确，也给机井封填处置工作带来困难。

（5）封填机井的处置经费缺少保障。目前封填机井处置主要由政府来组织，但面对数量庞大的拟封填机井，仅靠政府财力支撑无法维持。而许多用户出于自身利益的考虑，往往会逃避责任，或不按照规程来封填处置机井，这也就给机井封填处置工作带来了困难。因此，在机井建设之初就应落实责任，并预留一部分保证金，作为机井封填时的处置经费。

总之，目前在国内外对机井封填处置工作的管理越来越重视。但仍要看到，我国尚未针对机井封填管理与处置出台统一的法律法规和处置技术标准，也没有专门的机构或组织负责封填机井的管理和处置工作。一些省市的暂行规定或机井管办法中涉及封填机井的管理，但由于处置责任的不明确和处置费用没有保障，使得这些办法和规定的执行力较低，大部分地区的机井停用后基本上无人管理，也不进行任何处置。因此，对停用机井的处置和管理任务还非常艰巨。

第 3 章   机井封填技术

3.1   机井的分类

　　依据地下水开采类型，可将机井分为潜水井、承压井和混合井。潜水井指开采地下水类型为潜水的井，承压井指开采地下水类型为承压水的井，混合井指开采地下水类型为潜水和承压水的井。常见井型有管井、筒井、筒管井、大口井、辐射井和其他井型。管井指井径小于 0.5m 的机井（图 3.1）；筒井指井径介于 0.3～2.0m 之间的机井（图 3.2）；大口井指井径大于 2m 的机井（图 3.3）；筒管井指上部为筒井下部为管井的机井（图 3.4）；辐射井指井径介于 2～6m 具有辐射横管的机井（图 3.5）；其他井型，如坎儿井（图 3.6）、泉组河、卧管井等。

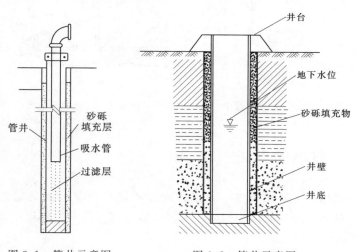

图 3.1　管井示意图　　　　图 3.2　筒井示意图

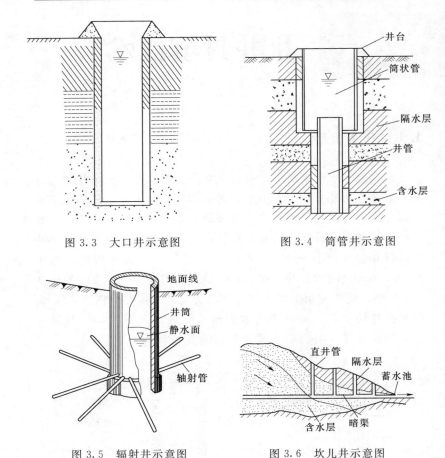

图 3.3 大口井示意图

图 3.4 筒管井示意图

图 3.5 辐射井示意图

图 3.6 坎儿井示意图

3.2 封填的方法

　　根据水文地质条件、取水井成井质量和目前的施工工艺水平，机井填埋一般采用封堵回填、分层回填、压力注浆和加盖处理等 4 种方法。

　　（1）封堵回填。该处理方法是将整个机井深度范围全部填实或只把机井上部某一深度范围填实，一般采用黏土回填或砂石土回填，对于施工场地和经费要求适中，是目前最常见的填埋方法。适用于开采单一含水层的潜水井和没有造成含水层串层污染的承压井或混采井，对于常见井型均适用。

（2）分层回填。该处理方式适用于打穿有咸水或卤水等劣质水含水层的承压井或混采井，取水井报废的原因主要为井中水质发生变化或受到污染。有条件拨出井管的必须将旧井管拨出一定深度，无条件的要清除隔水层上下一定范围内的井管；井管内和井管外透水滤料的通道都要进行封闭填塞，最大限度地还原原来的地质结构，从一定程度上恢复地下水的补径排条件。

（3）压力注浆。该方法是将水泥浆从井底灌注至井口或井下一定深度然后用黏土球回填至井口。对井的结构条件不清楚、深度不明、含水层位置不确定的情况，没有发生地下水串层污染的，均可以采用压力灌注水泥浆的方式填埋。该方法对施工现场和经费要求较高，但效果最好，对于一些企事业单位自备井的填埋建议采用该方法。

（4）加盖处理。该方法是将钢板或水泥板覆盖在井口处，然后根据周围恢复土地。适用于不容易造成地下水污染的单一含水层潜水井，井型为井径在 60cm 以内深度不超过 10m 的管井。该方法比较简单，易于操作，但易造成后续安全隐患，对于施工场地有限、经费紧张的地区可以考虑采用该方法。一般情况下不建议采用此方法。

3.3　封填方案的制定

1. 确定处理方法

根据停用机井状况和使用需求，确定处理方法为封填或封存。由于机井是生活、生产及灌溉用水的重要来源，尤其是偏远地区和农业机井，成井不易，如经过维修或者改造可以继续发挥供水作用的，宜保留。对于成井工艺较好，可以在紧急情况下使用或有监测价值的，采用封存处理。对于生产效率、安全性不断下降，威胁到人民群众人身安全和宝贵地下水资源安全的，确实非停用不可的机井，予以封填处理。

2. 处理前调查

收集停用机井的成井资料，调查水文地质情况、井深、取水含水层、水位、水量、水质等信息。确定机井类型，对咸（卤）水地区采用电测法，确定咸水含水层深度；调查井内情况，确定井内杂物是否容易取出、水质是否发生变化，是否需要消毒。

3. 封填方式设计

停用机井的填埋处理宜把整个机井深度范围全部填实或只把机井上部某一深度范围填实，不同类型井对应的填埋方式见表3.1。

表 3.1　　　　　　　　不同类型井对应的填埋方式

机井类型	封 填 方 式			
	封堵回填	分层处理	压力注浆	加盖处理
管井	√		√	√
筒井				
筒管井	√	√	√	
大口井	√		√	
辐射井	√			
其他井型	√			

注　√表示该类型机井适合的填埋方式。

对于不容易造成地下水污染的单一含水层潜水井或承压井，取水井报废类型为地下水下降、井管破坏、淤井等情况的，井径在 2m 以内的管井、筒井、筒管井，采用简单回填处理即可；2m 以外的大口井或辐射井可用黏土回填或压力注浆的方式处理。

对于开采承压含水层或多个含水层未造成串层污染的管井、筒井、筒管井（根据机井地区的水文地质条件，贯穿或开采的含水层没有咸水层或含劣质水，多层含水层均为淡水），如果这类机井报废后不会影响到周围开采井，则可以简单回填处理；如果这类机井报废后，造成周围一些取水井无法正常使用，则须进行黏土回填。对于大口井或辐射井宜采用黏土回填或压力注浆处理。

对于开采承压含水层或多个含水层造成串层污染的井，无论什么井型贯穿含水层中有咸水或劣质水均黏土回填或分层处理。目前该类的停用机井数量较大，机井报废后对地下水造成污染的威胁最严重，是管理与处置的重点。该类机井报废后可能造成串层污染，需要分层回填以恢复隔水层。但是由于这类机井报废数量大，很难全部按照有串层污染的机井处置方式处理，应根据停用机井的水文地质条件，按照其造成污染情况的轻重缓急，分别采取不同的措施分阶段回填，最终将停用机井全部回填，杜绝对人身安全和深层地下水的危害。具体的分类如下：

（1）对已经造成串层污染的停用机井，应立即进行回填。这类机井如果不及时进行回填，将会对周围的开采井和含水层造成严重的污染，引起地下水持续性的破坏，对该地区的供水安全和生态造成严重的影响，所以要及时回填。

（2）对于还没有造成串层污染，但是有串层污染趋势的停用机井，可以根据实际情况缓填。

3.4 填埋的技术要求

3.4.1 封堵回填

（1）对井口和机井周围做必要的清理工作，断开电源和出水管道；将管道的进口封堵，防止管道中的水倒流，然后将水泵吊出；将包括电力、水泵及所有附属设施等拆除并搬离现场。

（2）移除一定深度的井管，农业生活用井拔出至少地下 1m 以内的井管，其他用井拔出至少 3m 内的井管。对于不易拔出整管的机井，将咸淡界面隔水层的井管割断或打碎，切断地表以上的井管。

（3）黏土回填：分两次进行，第一次回填时可一次性回填至井口处，10～15 天后进行第二次回填。下料速度控制在不造成堵塞为宜；处于地下水位以上黏土球必须每隔 5m 用清水回灌一次；回填量根据沉井结构、井深等沉井数据计算，并确保所有填料均回填到位，具体深度以测绳测量为准。使用黏土球封填时，采用直接投入法。根据该井的成井柱状图，无论是否是目的含水层，都必须采用黏土球止水。应使用大小直径的黏土球级配，以减少黏土球间的空隙，沿井孔均匀、连续、缓慢地下投，回填至最上层顶板以上 5m。严禁一侧集中封填，不可快速猛倒冲击井管、造成中途堵塞。隔水层上部孔段采用优质黏土球封填，不得采用砂石料，更不允许用建筑垃圾封填；地下水位以上部位封填时，每 5m 应回灌清水 1 次。

（4）简单回填：将机井附近的砂壤土、黏性土直接填井，地下水位线以上每填 5m，加适量水，待水渗入后，继续进行填埋工作。或定制与井壁相符的钢板，将钢板下放至含水层以上 20m 处，并将井周围的砂壤土、黏性土直接回填至井口处。

（5）封堵：回填密实后，有井台的平毁井台，井管的顶部用井盖或混凝土进行封闭。机井顶部填入原状土并夯实，地表恢复成原状。封填机井应当在所封井处以适当形式标明封井单位、机井名称和封井时间。

3.4.2　分层回填

1. 铁管井处置过程

（1）井管清理。取出井内的泵类设备、电缆、取水管等取水井的配套设备以及井内的杂物，对取水井周围的地面进行必要的清理。

（2）拔出井管。使用割管器将井管在隔水层以下断开，使用千斤顶直拔法或卷扬机双重起拔法将断开部位以上的井管拔出。

（3）井孔处理。将井孔内的碎井管、井管周围滤料等人工材料清理干净，并使井孔成圆形，以便确定回填材料的使用量；对于井内有污水的停用井，要把污水抽出，必要的时候还要用消毒剂对井孔进行消毒。

（4）分层回填。在含水层部分填入砂石、碎石等颗粒材料；在隔水层上下各 5m 的范围内，用黏土球封闭，黏土宜选用天然、无杂质的高塑性黏土，黏土球的直径不宜超过井径的 10％，最大直径不应超过 50mm，含水率应小于 20％；在其他部位填入原状土。在回填的过程中，填料要连续进行，速度要适当，每层压密后再继续进行回填工作，填入过程中要不断用测棒测量填入的深度。禁止将回填材料整车倒入，防止发生堵塞。

（5）井口封闭。在井管的顶部要对井管壁进行灌浆封闭，防止地表污水沿井壁污染地下水；最后在井孔上覆盖与附近地表相近的土质，并夯实。

2. 水泥管井处置过程

水泥管井处置的过程和铁管井基本一致，相对于水泥管井来说，井管一般都很难拔起，因此在处置的过程中将井管打碎，其要求为：在含水层与隔水层的交界处用合金钻头或牙轮钻头将界面处上下各 10m 的井管打碎。

3.4.3　压力注浆

（1）利用吊车等设备拔出水泵并搬离现场。

（2）用水文测井方法测出机井深度和滤水管的位置。

（3）将优质黏土、膨润土和水泥以 5∶1∶1 的比例在存浆桶内混合后加水用拌浆机搅拌成稠度合适的泥浆。

（4）对于 100m 以内的机井，将灌浆机械安装固定后，将灌浆管（确保灌浆导管连接处严密）放入距井底 50～80cm 处开始向井内灌注，随时灌注、随时测量和随时提升灌浆导管，保证导管埋深不小于 1.5m，直至灌注泥浆位置超过最上部滤水管 5m。对于 100m 以下的机井，先定制刚好能放入井壁的钢板，下入井内 80m 处作为井底，然后根据上述方式灌注泥浆。

（5）用优质黏土球封填，封填至井口以下 10m 处。黏土球直径一般为 2.0～2.5cm，成分均匀，黏粒含量应大于 30％，塑性指数应大于 17，其含水率小于 10％，均匀回填，地下水位以上部位黏土球回填时，每 3～5m 回灌清水 1 次，以崩解黏土球。

（6）地面以下 10m 的井管内，用水泥向井管内灌注并振动均匀直至井口，封填结束。

3.4.4 加盖处理

（1）处置前，取出井内的泵类设备、电缆、取水管等取水井的配套设备以及井内的杂物，对取水井周围的地面进行必要的清理。

（2）移除一定深度的井管，农业生活用井拔出至少地面以下 1m 内的井管，其他用井拔出至少地面以下 3m 内的井管。对于不易拔出整管的机井，将咸淡界面隔水层的井管割断或不打碎，切断地表以上的井管。

（3）进行加盖，用大理石或钢板加盖井口，并在周围用混凝土进行封闭，防止地表水或污染物顺着井壁流入井内。

（4）井盖上方回填原状土，覆土厚度不应低于当地冻土厚度，且不得低于 1m。

3.5 封存的技术要求

3.5.1 应急备用井

封存为应急备用井，要求如下：

（1）处置前，检查井内的泵类设备、电缆、取水管等机井的配套设备的完好性，同时对设备进行必要的抗锈处理，如有损坏，应进行修补，对机井周围的地面进行必要的清理。

（2）加封井盖，防止地表污水、杂物等进入井内，采用硬性隔离手段，根据实际情况加盖封条、修建井房等。

（3）为保证解封后的井能正常使用，需要定期维护机井及附属设备；定期清除井体内现存的具有腐蚀或淤塞的滞流水，清洗井壁、砾石圈与含水层的阻塞物，以维持原先井体的导水系数或井出水效率；清除长期沉积在沉积管的淤积物，以防滤水层被淤积阻塞。宜每半年使用一次，每次抽水时间不少于 48h（具体应结合当地实际情况试验确定）。

3.5.2 监测井

封存为监测井，要求如下：

（1）井管清理。取出井内的泵类设备、电缆、取水管等机井的配套设备以及井内的杂物，对机井周围的地面进行必要的清理。

（2）封闭机井应拆除井台，降低井口高度，以便保护井口，同时不影响土地利用。

（3）完成井管拆除工作后，重新加固清理井口，加盖带有 10cm 小孔的封闭钢板（厚度 0.5～1.0cm）封闭井口，封闭宜采用焊接固定，移交给相关监测部门。

3.6 施工

3.6.1 材料要求

（1）应选用不含有任何污染物的材料，优先使用满足要求的黏土球；水质遭受严重污染的报废机井，有条件的应使用水泥砂浆封填。

（2）黏土球的质地要揉实，形状要圆滑，宜选用天然、无杂质和高塑性的黏土。黏度为 15～17，密度为 1.05～1.1g/cm³，直径不宜超过井径的 10%，含水率应小于 15%。严禁采用耕作土、含有害物质的不合格土源。

（3）混凝土强度应不低于 C20。

（4）封填材料的数量应比计划量多 25%～30%，可以用计量容器下投材料，便于及时与计划数量校对。

3.6.2 施工工序要求

施工前进行场地清理。平整施工道路，划定施工范围，防止破坏周围建筑及树木；选择设备先进、技术好、信誉好、有资质的施工队伍，施工时严格遵循填埋技术要求（3.4 节）和封存技术要求（3.5节），保证施工质量；施工结束后有关部门应及时组织验收，严格遵循验收要求，确保工作顺利结束。

3.7 验收

停用机井处理完毕，有关部门应及时组织验收。

验收时检查下列内容：

（1）井口处理应坚固、密实。检测方法：用标准贯入法检测，不得低于井口周围土体的检测值。

（2）井口应与地面基本齐平，上下高差不超过10cm。检测方法：目测。

验收后，原产权单位或其水行政主管单位应将相关资料立卷归档，妥善保管。

第 4 章　机井封填管理

4.1　法律法规

4.1.1　《水法》

第三十一条　从事水资源开发、利用、节约、保护和防治水害等水事活动，应当遵守经批准的规划；因违反规划造成江河和湖泊水域使用功能降低、地下水超采、地面沉降、水体污染的，应当承担治理责任。

开采矿藏或者建设地下工程，因疏干排水导致地下水水位下降、水源枯竭或者地面塌陷，采矿单位或者建设单位应当采取补救措施；对他人生活和生产造成损失的，依法给予补偿。

第三十六条　在地下水超采地区，县级以上地方人民政府应当采取措施，严格控制开采地下水。在地下水严重超采地区，经省、自治区、直辖市人民政府批准，可以划定地下水禁止开采或者限制开采区。在沿海地区开采地下水，应当经过科学论证，并采取措施，防止地面沉降和海水入侵。

第四十八条　直接从江河、湖泊或者地下取用水资源的单位和个人，应当按照国家取水许可制度和水资源有偿使用制度的规定，向水行政主管部门或者流域管理机构申请领取取水许可证，并缴纳水资源费，取得取水权。但是，家庭生活和零星散养、圈养畜禽饮用等少量取水的除外。

4.1.2　《取水许可和水资源费征收管理条例》

第二条　本条例所称取水，是指利用取水工程或者设施直接从江河、湖泊或者地下取用水资源。

取用水资源的单位和个人，除本条例第四条规定的情形外，都应当申请领取取水许可证，并缴纳水资源费。

本条例所称取水工程或者设施，是指闸、坝、渠道、人工河道、虹吸管、水泵、水井以及水电站等。

第三条　县级以上人民政府水行政主管部门按照分级管理权限，负责取水许可制度的组织实施和监督管理。

国务院水行政主管部门在国家确定的重要江河、湖泊设立的流域管理机构（以下简称"流域管理机构"），依照本条例规定和国务院水行政主管部门授权，负责所管辖范围内取水许可制度的组织实施和监督管理。

县级以上人民政府水行政主管部门、财政部门和价格主管部门依照本条例规定和管理权限，负责水资源费的征收、管理和监督。

第四条　下列情形不需要申请领取取水许可证：

（一）农村集体经济组织及其成员使用本集体经济组织的水塘、水库中的水的；

（二）家庭生活和零星散养、圈养畜禽饮用等少量取水的；

（三）为保障矿井等地下工程施工安全和生产安全必须进行临时应急取（排）水的；

（四）为消除对公共安全或者公共利益的危害临时应急取水的；

（五）为农业抗旱和维护生态与环境必须临时应急取水的。

前款第（二）项规定的少量取水的限额，由省、自治区、直辖市人民政府规定；第（三）项、第（四）项规定的取水，应当及时报县级以上地方人民政府水行政主管部门或者流域管理机构备案；第（五）项规定的取水，应当经县级以上人民政府水行政主管部门或者流域管理机构同意。

第二十条　有下列情形之一的，审批机关不予批准，并在作出不批准的决定时，书面告知申请人不批准的理由和依据：

（一）在地下水禁采区取用地下水的；

（二）在取水许可总量已经达到取水许可控制总量的地区增

加取水量的；

（三）可能对水功能区水域使用功能造成重大损害的；

（四）取水、退水布局不合理的；

（五）城市公共供水管网能够满足用水需要时，建设项目自备取水设施取用地下水的；

（六）可能对第三者或者社会公共利益产生重大损害的；

（七）属于备案项目，未报送备案的；

（八）法律、行政法规规定的其他情形。

审批的取水量不得超过取水工程或者设施设计的取水量。

4.1.3 《取水许可管理办法》

第十一条 申请人应当向具有审批权限的审批机关提出申请。申请利用多种水源，且各种水源的取水审批机关不同的，应当向其中最高一级审批机关提出申请。

申请在地下水限制开采区开采利用地下水的，应当向取水口所在地的省、自治区、直辖市人民政府水行政主管部门提出申请。

取水许可权限属于流域管理机构的，应当向取水口所在地的省、自治区、直辖市人民政府水行政主管部门提出申请；其中，取水口跨省、自治区、直辖市的，应当分别向相关省、自治区、直辖市人民政府水行政主管部门提出申请。

第十六条 申请在地下水限制开采区开采利用地下水的，由取水口所在地的省、自治区、直辖市人民政府水行政主管部门负责审批；其中，由国务院或者国务院投资主管部门审批、核准的大型建设项目取用地下水限制开采区地下水的，由流域管理机构负责审批。

第二十三条 取水工程或者设施建成并试运行满 30 日的，申请人应当向取水审批机关报送以下材料，申请核发取水许可证：

（一）建设项目的批准或者核准文件；

（二）取水申请批准文件；

（三）取水工程或者设施的建设和试运行情况；

（四）取水计量设施的计量认证情况；

（五）节水设施的建设和试运行情况；

（六）污水处理措施落实情况；

（七）试运行期间的取水、退水监测结果。

拦河闸坝等蓄水工程，还应当提交经地方人民政府水行政主管部门或者流域管理机构批准的蓄水调度运行方案。

地下水取水工程，还应当提交包括成井抽水试验综合成果图、水质分析报告等内容的施工报告。

取水申请批准文件由不同流域管理机构联合签发的，申请人可以向其中任何一个流域管理机构报送材料。

第二十四条　取水审批机关应当自收到前条规定的有关材料后 20 日内，对取水工程或者设施进行现场核验，出具验收意见；对验收合格的，应当核发取水许可证。

取水申请批准文件由不同流域管理机构联合签发的，有关流域管理机构应当联合核验取水工程或者设施；对验收合格的，应当联合核发取水许可证。

4.2　管理流程

地下水机井封填工作由县级以上地方人民政府需切实加强领导，层层落实责任，组织实施，机井封填的责任单位为机井所属单位，要严格执行机井封填工作规范和程序，确保及时、规范。

4.2.1　调查摸排及方案制定

逐井进行调查摸排，主要包括使用单位、使用状况、取水用途、开采层位、自来水管网是否到达、所在地下水超采区、年开采量等信息。在此基础上，根据当地水资源状况、经济社会发展和水生态建设与保护的需要，结合南水北调受水区地下水压采、地下水超采区治理、地下水开发利用与保护及替代水源工程建设和运行情况，编制机井封填规划方案。

4.2.2 登记确认

对应封填机井进行登记（登记表表式见表4.1），经机井所属单位确认后，注销应封填机井的取水许可证，并确定封填机井的责任单位和封填方式。

表 4.1　　　　　　　　　封 井 登 记 表

深井所属单位		联系人		电话	
深井详细位置		东经		北纬	
取水许可证号		深井编号		取水用途	
地下水类型		井深		成井时间	
取水许可水量		实际取水量			
封井原因					

封井方案及示意图

封井责任单位		封井方式	
深井所属单位意见（盖章）		水行政主管部门意见（盖章）	
	年　月　日		年　月　日

附：所封深井的成井柱状图等相关文档资料。

4.2.3 机井封填

确认封填的机井后，现场读表，结算最后一次用水费用。封填过程中。施工单位对应封机井统一按规范技术要求进行填埋或封存，在所封机井处以适当形式标明封井单位、机井名称及封填时间。

4.2.4 验收归档

机井封填工作完成后，当地水行政主管部门会同机井所属单位、施工单位组织对所封填机井进行验收。验收过程中，对封存机井，应当检查封存措施落实情况以及封井标志等；对填埋机井，应当检查施工单位资质及相关证明、主要材料合格证和出厂证明、填埋材料配比、设计用量和实际用量、填埋机井的施工记录、影像资料以及封井标志等。验收不合格的，责令重新按规范要求进行封井，直至符合规定要求；验收合格的，相关各方现场验收签字盖章确认。

4.3 信息登记

经验收合格的，对封井过程中形成的封井计划表、封井登记表、封填验收表、注销的取水许可证复印件以及封井照片、录像等影像资料进行整理，并归档。汇总至上一级水行政主管部门登记备案，汇总表样式见表4.2。封井台账资料清单如下：

（1）封井登记表。

（2）封井验收意见。

（3）封井清单（表4.2）。

（4）逐井验收资料包括：①封井登记表；②封井验收表；③施工记录和照片；④取水许可证复印件（右上角盖章，说明注销）。

如有录像等影像资料，以光盘形式提供。

表4.2 ____市____年度地下水封井清单

填报单位（盖章）：

序号	市	县	乡	深井名称	井深（米）	开采层位	取水用途	取水许可证编号	取水许可水量/万 m³	当年实际取水量/万 m³	是否超采区	封井方式	封井时间（年-月）	成井时间（年）
1														
2														
3														
4														
合计														

填表人：　　　　　　　审核人：　　　　　　　填表日期：　年　月　日

注："深井名称"栏一般填写深井所在单位名称，有多眼井的，后面加上1#、2#、3#等。
"开采层位"栏填写I、II、III、IV等含水层位或者岩溶水、裂隙水、地热水、矿泉水等。
"取水用途"栏填写工业、城镇生活、农村生活、农业灌溉、其他。
"封井方式"栏填写永久填埋、封存备用、监测井。

4.4　经费保障

企事业单位自备井和水源地的机井封填由井权单位承担机井报废的处置费用，也可以在各级征收的水资源费中对机井封填进行以奖代补。

农用机井的封填费用可以考虑从以下几个渠道获得：

（1）从收取的水资源费中获取或者在机井的使用过程中收取机井折旧费。

（2）财政专项资金，中央和地方财政可以拿出一部分专项资金用于机井报废的处置工作。

（3）在打井时收取"维修和报废处置费"，将这部分费用作为专项经费，用于机井的维修和报废处置。

4.5　封存机井的维护

封存机井为了在解封后能正常使用，要求进行定期维护，经调查封存后的一部分机井会将使用权移交相应部门。其中移交给自来水公司作为公共管网的供水井的，这部分机井通常每 2 个星期抽一次，该类封存机井的维护由自来水公司负责。一部分机井封存后，由原单位暂时保管，原单位可以根据需要继续利用一定量的地下水，维护任务由原单位负责。对于移交给相关单位的机井，需每半年进行检查，防止机井超采。

对于没有移交相关单位的封存机井需根据当地情况定期检查，包括定期抽水和检查井内的泵、电线、出水管等附属设备，具体内容如下。

1. 定期抽水

为防止因长时间不用导致井底淤沙、沉降，需对封存机井进行定期抽水。结合当地实际情况试验确定抽水间隔，对于没做试验的机井要求至少半年抽水一次，抽水时间在 24h 以上，若发现含沙量增大应缩短抽水间隔。

2. 附属设备

定期抽水前一星期内应对井内附属设备进行检查，泵出现问题应该及时找专业人士修理，出水管和电线出现老化或裸露等情况应及时更换，抽水结束后应对附属设备进行抗老化处理。

3. 检验出水情况

观察机井的出水情况，若发现含沙量增大、水质变差应及时组织检查。对于透水性变差或者不透水，机井出水量减少，达不到使用要求或机井中的水不符合《地下水质量标准》的，应将封存机井填埋。

第5章 封存机井应急启用

5.1 应急启用条件

发生供水应急情况，可按照应急响应级别启用封存机井。应急供水成因可以划分为三类：自然灾害、工程事件和公共卫生事件。

1. 自然灾害

自然灾害包括以下情况：连续出现干旱年，地下水水位持续下降，取水设施无法正常取水，导致城市供水设施不能满足城市正常供水需求等；地震、台风、洪灾、滑坡、泥石流等自然灾害导致城市供水中断。

2. 工程事件

工程事件包括以下情况：因城市供水水源破坏、取水受阻、泵房（站）淹没，机电设备损毁等；取水水库大坝、拦河堤防、取水管涵等发生坍塌、断裂致使城市水源枯竭，或因出现危险情况需要紧急停用维修或停止取水；城市主要输供水干管和配水网发生爆管，造成大范围供水压力降低、水量不足甚至停水，或其他工程事件导致供水中断；城市供水消毒、输配电、净水构建物等发生火灾、爆炸、坍塌、液氯严重泄露等；城市供水调度、自动控制、营业等计算机系统遭受入侵、失控或损坏。

3. 公共卫生事件

公共卫生事件包括以下情况：城市水源或供水设施遭受有毒有机物、重金属、有毒化工产品或致病原微生物污染或藻类大规模繁殖、咸潮入侵等影响城市正常供水；城市水源或供水设施遭受毒剂、病毒、油污或放射性物质等污染，影响城市正常用水。

5.2 应急启用程序

发生应急供水事件后，由城市应急指挥部启动应急行动，城市水务部门启动应急井启动程序；城市水务部门下属的应急备用井管理机构启动应急备用井，并组织城市消防、园林绿化部门供水车辆拉水送水；专人负责应急用水井现场协调和应急记录及上报应急指挥部；人员和车辆不足时由应急指挥部协调支援；应急事件结束后由城市供水应急指挥部决定终止应急供水，应急供水井停止向社会供水并转入正常生产阶段；应急备用井管理机构向城市水务部门上报应急井供水情况报告；城市水务部门负责对应急供水期间的主要工作进行总结并完善应急预案。应急启用程序图如图 5.1 所示。

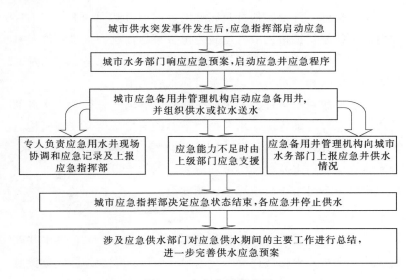

图 5.1 应急启用程序图

1. 启用条件

当发生轻度干旱和中度干旱，农业抗旱和维护生态与环境必须临时应急取水的，取水单位或者个人应当在开始取水前向取水口所在地县级人民政府水行政主管部门提出申请，经其同意后方可取水；涉及跨行政区域的，须经共同的上一级地方人民政府水行政主管部门或者流域管理机构同意后方可取水。对于因天灾、事故等原因导致的管网破裂且近期无法修复或自来水水质无法达到饮用水标准，进行临时应急取水的以及为消除对公共安全或者公共利益的危害临时应急取水的，取水单位或者个人应当在危险排除或者事后 10 日内，将取水情况报取水口所在地县级以上地方人民政府水行政主管部门或者流域管理机构备案。

2. 启用过程

发生轻度干旱和中度干旱，县级以上地方人民政府防汛抗旱指挥机构应当按照抗旱预案的规定，启用应急备用水源。采取前款规定的措施，涉及其他行政区域的，应当报共同的上一级人民政府防汛抗旱指挥机构或者流域防汛抗旱指挥机构批准；涉及其他有关部门的，应当提前通知有关部门。旱情解除后，应当及时拆除临时取水和截水设施，并及时通报有关部门。

发生应急供水事件后，由应急指挥部启动应急行动，水务部门启动应急井启动程序；水务部门下属的应急备用井管理机构启动应急备用井，并组织消防、园林绿化部门供水车辆拉水送水；专人负责应急用水井现场协调和应急记录及上报应急指挥部；人员和车辆不足时由应急指挥部协调支援。

3. 启用结束

机井启用结束后由水行政主管部门决定终止供水，供水井停止向社会供水并根据封存要求转入封存阶段；市水务部门负责对应急供水期间的主要工作进行总结，完善应急预案。

5.3 应急备用井（设施）管理

城市应急井管理机构应该制定应急备用井（设施）管理办法，以达到保障城市供水安全、规范应急备用井管理的目的。

应急备用井管理应注意以下事项：

（1）明确应急备用井的类型、数量、分布并统一编号，制定应急预案。

（2）应急备用井应根据井的出水量、水质和设施及联网情况，划分等级，作为不同条件下启用的依据。

（3）应急井设置应本着布点合理、设备良好、统一管理的原则，统筹考虑单位消防、生产安全和城市供水安全的需要维护取水设施，并进行日常检查和维护。

（4）应急备用井应统一标示、落实专管机构和专人管理，根据井的状况和水文地质构造情况，进行周期性试运行，并如实填写试运行记录。

（5）明确其他监管、维修和资金等问题。

第6章　典型案例

6.1　海门市机井封填实例

6.1.1　基本情况

海门市位于江苏省东南部,介于北纬 31°46′~32°09′、东经 121°04′~121°32′,东濒黄海,南倚长江,与上海隔江相望,素有"江海门户"之称。海门市总面积 1148.77km²,总人口 100.06 万人(截至 2013 年末),下辖 23 个街道、9 个镇。海门市第四纪松散沉积物发育,分布范围广,厚度大,孔隙地下水分为潜水(或浅层水)和第Ⅰ、第Ⅱ、第Ⅲ、第Ⅳ、第Ⅴ承压水六个含水层(组)。由于海水侵袭,潜水、第Ⅰ、第Ⅱ承压水水质偏咸无法使用,该地区主要开采第Ⅲ、第Ⅳ承压水,由于长期大量开采地下水,海门市部分地区出现了严重的地下水超采现象,海门城区、三厂镇、常乐镇被江苏省人民政府划分为海门地下水禁采区,要求在 2016 年完成地下水全面禁采,需封井 72 眼,其中永久填埋 34 眼、封存备用 34 眼、改建为专用监测井 4 眼,封井率 92%;压采量 317 万 m³/a,占 2013 年取水量的 81%;保留特殊行业日常取水井 6 眼。其中,2016 年海门市封填机井 46 眼,含填埋 43 眼、封存 3 眼,井型主要为直径 30cm 的管井,平均水位为 20m,填埋方式为黏土回填。

6.1.2　填埋工序

填埋施工主要以人工为主,分为准备、回填、封堵三道工序。

1. 准备

对井口和机井周围做必要的清理工作,断开电源和出水管道；将管道的进口封堵，防止管道中的水倒流，然后将水泵吊出；将包括电力、水泵及所有附属设施等拆除并搬离现场。

2. 回填

回填分两次进行，第一次回填时先一次性回填至井口处，10～15 天后进行第二次回填。下料速度控制在不造成堵塞为宜；处于地下水位以上黏土球必须每隔 5m 用清水回灌一次；回填量根据沉井结构、井深等沉井数据计算，并确保所有填料均回填到位，具体深度以测绳测量为准。使用黏土球封填时，采用直接投入法。根据该井的成井柱状图，无论是否是目的含水层，都必须采用黏土球止水。应使用不同大小直径的黏土球级配，以减少黏土球间的空隙，沿井孔均匀、连续、缓慢地下投，回填至最上层顶板以上 5m。严禁一侧集中封填，不可快速猛倒冲击井管、造成中途堵塞。止水层上部孔段采用优质黏土球封填，不得采用砂石料，更不允许用建筑垃圾封填；地下水位以上部位封填时，每 5m 应回灌清水 1 次。使用水泥浆封填时，水泥浆宜用普通硅酸盐水泥。宜使用注浆泵将水泥浆压入井孔内，自下而上加压注浆。实际用量值宜为设计值的 1.5 倍。使用水泥砂浆回填时，水泥砂浆的配比宜为"水泥：水：细砂＝1：1：（0.4～0.5)，宜用提筒法注入。如图 6.1 所示为黏土球。

图 6.1　黏土球

3. 封堵

回填密实后，有井台的平毁井台，并对地面以下一定深度的井管进行割除，割除深度以确保安全为宜。井口段1m用混凝土封堵，地面找平。封填机井应当在所封机井处以适当形式标明封井单位、机井名称和封井时间。如图6.2所示为封井大理石。

图6.2　封井大理石

6.1.3　封填工序

该地区由于降雨丰富，地表水资源充足，机井封填以填埋为主，封存比较简单。具体工序如下：

（1）断电、吊泵并封死井口，防止污水及异物进入井内。

（2）建立围栏保护。

（3）设立标志，注明封井单位、封井名称及封井时间。

6.1.4　验收

封井工作完成后，当地水行政主管部门应当及时会同机井所属单位、施工单位组织对所封机井进行验收。验收过程中，对封存机井，应当检查封存措施落实情况以及封井标志等；对封填机井，应当检查施工单位资质及相关证明、主要材料合格证和出厂证明、封填材料配比、设计用量和实际用量、封填机井的施工记录、影像资料以及封井标志等。验收合格的，对封井过程中形成的封井计划表、封井登记表、封井验收表、原机井"四个一"管理档案、注销的取水许可证复印件以及封井照片、录像等影像资料进行整理，并归档；验收不合格的，责令重新按规范要求进行封井，直至符合规定要求。如图 6.3 所示为验收的相关资料。

图 6.3（一） 验收相关材料

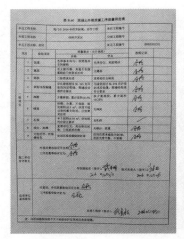

图 6.3（二）　验收相关材料

6.2　盐城市大丰区地下水封井工程实例

6.2.1　基本情况

大丰区地处江苏省北部沿海地区，总面积为 $3059 km^2$。位于淮河流域尾闾，为江淮黄冲积平原，地势平坦，沟河纵横。大丰区地下水类型以松散岩类孔隙水为主，根据地下水赋存的介质条件、水力性质等，自上而下可划分为孔隙潜水、第Ⅰ、第Ⅱ、第Ⅲ、第Ⅳ、第Ⅴ、第Ⅵ承压 7 个含水层组，其中潜水和第Ⅰ承压水由于受第四纪晚更新世、全新世海相沉积环境的影响，多为微咸水、咸水，不宜作为生活用水水源，且由于水量小，供水意义不大。目前，现状地下水机井共 499 眼，主要开采层位为第Ⅱ、第Ⅲ、第Ⅳ、第Ⅴ承压含水层。大丰深层地下水年可开采量为 2625.91 万 m^3，其中第Ⅱ、第Ⅲ、第Ⅳ、第Ⅴ承压分别为 1330.95 万 m^3、560.95 万 m^3、206.1 万 m^3、527.91 万 m^3。

根据 2013 年江苏省人民政府公布的江苏省地下水超采区划分方案，大丰境内有 618.2 km^2 的地下水超采区，主要位于大中、刘庄和西团 3 个乡镇，主要超采层位为第Ⅱ、第Ⅲ、第Ⅳ承压，为一般超采区。

为加强地下水超采区的治理，大丰编制了压采方案和机井处置方案，启动了地下水压采工程，计划从 2014 年开始实施、2020 年完成。通过永久填埋、封存备用、改为监测井 3 种处理方式，到 2020 年，全市封井总数 245 眼，占现状井的 49.1％，地下水压采总量达 443.49 万 m^3。压采完成后，全区地下水开采量将显著削减，超采区范围将大大缩小，地下水位将得到全面回升，地下水超采所引起的地面沉降等地质环境问题将有效缓解，生态环境恶化趋势将得到遏制，对保护地下水资源将起到较好的积极作用。

6.2.2　2015 年的封井工作

1. 概况

大丰区 2015 年地下水封井工程由盐城宏源工程管理有限公司招标代理。招标人盐城市大丰区水利局于 2015 年 11 月 24 日开标，根据招投标的有关法律、法规和该工程招标文件规定，由盐城市大丰区恺达水利工程有限公司中标承建，本工程共 35 眼井，涉及三龙镇、大中镇、万盈镇、大桥镇、南阳镇、白驹镇、西团镇和新丰镇。

2. 施工实践

（1）2015 年 12 月 7—8 日到各乡镇对封井位置进行现场勘探。

（2）盐城市大丰区三龙镇开明村六组井在泵房里面，此井有水泵，2015 年 12 月 11 日上午进行施工，利用人工进行吊水泵，水泵吊出后运输至三龙镇水厂，然后直接用黏土球进行封填，共使用黏土球 14t，回填密实后，井口用混凝土封堵，并按照要求使用有刻字标志的大理石镶贴。

　　在盐城市大丰区水利局、水资源办公室、水务投资公司和施工单位的共同努力下，于 2016 年 1 月 12 日完成了施工任务。相关材料如图 6.4～图 6.6 所示。

大丰区2015年地下水封井清单

序号	行政区			取水井名称	经纬度		成井时间（年）	井深/米	开采层位	取水用途	取水量/（万m³/a）	取水许可证编号	是否位于超采区	封井方式	封井原因	实施时间	投资/万元	责任主体
	地级	县级	乡镇		经度	纬度												
1	盐城	大丰	三龙	三龙镇开明水厂1号井	120°35′34.18′	33°24.31′	1985	196	Ⅲ	农村生活	2.9	B09820016	否	征填	区域供水到位	2015年	2.13	大丰市水利局
2	盐城	大丰	三龙	三龙镇龙泉村1号井	120°50′34.09′	33°24′00.99′	1989	136	Ⅲ	农村生活	4.27	B09820311	否	封填	区域供水到位	2015年	1.48	大丰市水利局
3	盐城	大丰	三龙	三龙镇龙南2号井	120°56′34.09′	33°24′00.99′	1989	132	Ⅲ	农村生活	4.5	B09820312	否	封填	区域供水到位	2015年	1.43	大丰市水利局
4	盐城	大丰	三龙	三龙镇幸福村水井	120°27′16.16′	33°20.17′	1955	148	Ⅲ	农村生活	4.5	B09820322	否	封填	区域供水到位	2015年	1.61	大丰市水利局
5	盐城	大丰	新丰	新丰镇同丰2#井	120°28′16.21′	33°21′40.87′	1990	218	Ⅲ	农村生活	0.05	B09820294	否	封填	区域供水到位	2015年	2.37	大丰市水利局
6	盐城	大丰	新丰	新丰镇裕西村井	120°27′12.55′	33°19′48.68′	1992	168	Ⅲ	农村生活	0.05	B09820298	否	封填	区域供水到位	2015年	1.79	大丰市水利局
7	盐城	大丰	大中	大中镇万丰村二组井	120°54′42.00′	33°13.00′		218	Ⅲ	农村生活	3.58	B09820237	否	封填	区域供水到位	2015年	2.57	大丰市水利局
8	盐城	大丰	大中	大中镇元丰村三组井	120°54′42.00′	33°12′00.00′	1984	187	Ⅲ	农村生活	2.31	B09820228	否	封填	区域供水到位	2015年	2.05	大丰市水利局
9	盐城	大丰	大中	大中镇富丰村七组井	120°54′38.00′	33°32.92′	1985	168	Ⅲ	农村生活	5.78	B09820227	否	封填	区域供水到位	2015年	1.82	大丰市水利局
10	盐城	大丰	大中	大中镇新村四组	120°33′46.5′	33°32′	1984	170	Ⅲ	农村生活	1.0	B09820229	否	封填	区域供水到位	2015年	1.83	大丰市水利局
11	盐城	大丰	大中	大中镇朝丰村六组	120°33′22.5′	33°14′16.43′	1902	181	Ⅲ	农村生活	2.53	B09820224	否	封填	区域供水到位	2015年	1.88	大丰市水利局
12	盐城	大丰	大中	大中镇新丰村二组井	120°54′34.00′	33°18.33′	1994	157	Ⅲ	农村生活	5.5	B09820230	否	封填	区域供水到位	2015年	1.71	大丰市水利局
13	盐城	大丰	大中	大中镇丰村三组井	120°55′36.00′	33°56.41′	1985	168	Ⅲ	农村生活	3.19	B09820231	否	封填	区域供水到位	2015年	1.72	大丰市水利局
14	盐城	大丰	大中	大丰市恒华水务有限公司2号井	120°54′26.48′	33°52′50.10′	1996	203	Ⅲ	农村生活	2.69	B09820236	否	封填	区域供水到位	2015年	2.20	大丰市水利局
15	盐城	大丰	万盈	万盈镇文达村眉石港井	120°54′25.00′	33°52.15′	1991	180	Ⅲ	农村生活	2.03	B09820113	否	封填	区域供水到位	2015年	1.63	大丰市水利局
16	盐城	大丰	万盈	万盈镇三合村1组井	120°56′36.00′	33°52.71′	1976	152	Ⅱ	农村生活	1.0	B09820105	否	封填	区域供水到位	2015年	1.65	大丰市水利局
17	盐城	大丰	万盈	万盈镇三合村二组井	120°27′46.48′	33°81.22′	1972	154	Ⅱ	农村生活	0.61	B09820108	否	封填	区域供水到位	2015年	1.67	大丰市水利局

序号	行政区			取水井名称	经纬度		成井时间（年）	井深/米	开采层位	取水用途	取水量/（万m³/a）	取水许可证编号	是否位于超采区	封井方式	封井原因	实施时间	投资/万元	责任主体
	地级	县级	乡镇		经度	纬度												
18	盐城	大丰	万盈	万盈镇益民村五组井	120°56′00.16′	33°50.07′	1985	148	Ⅱ	农村生活	0.3	B09820899	否	封填	区域供水到位	2015年	1.61	大丰市水利局
19	盐城	大丰	万盈	万盈镇益民村六组井	120°34′45′	33°52.87′	1985	132	Ⅱ	农村生活	0.5	B09820101	否	封填	区域供水到位	2015年	1.65	大丰市水利局
20	盐城	大丰	万盈	万盈镇益民村八组井	120°56′18.07′	33°23.80′	1979	132	Ⅱ	农村生活	0.3	B09820102	否	封填	区域供水到位	2015年	1.65	大丰市水利局
21	盐城	大丰	万盈	万盈镇八盈村八组井	120°35′13.56′	33°52.61′	1987	134	Ⅱ	农村生活	10	B09820110	否	封填	区域供水到位	2015年	1.67	大丰市水利局
22	盐城	大丰	大桥	大桥镇东塘村夏天井（原东塘村部）	120°35′07.65′	33°00.56′	1988	154	Ⅱ	农村生活	2.1	B09820181	否	封填	区域供水到位	2015年	1.72	大丰市水利局
23	盐城	大丰	大桥	大桥镇东塘村书志单井（原东塘十组）	120°35′07.65′	33°56.79′	1992	152	Ⅱ	农村生活	1.3	B09820182	否	封填	区域供水到位	2015年	1.65	大丰市水利局
24	盐城	大丰	大桥	大桥镇洋南村三组井	120°35′38.75′	33°59.70′	1985	178	Ⅱ	农村生活	0.5	B09820183	否	封填	区域供水到位	2015年	1.83	大丰市水利局
25	盐城	大丰	大桥	大桥镇洋南村8组井	120°35′07.96′	33°07.99′	1979	158	Ⅱ	农村生活	4	B09820184	否	封填	区域供水到位	2015年	1.72	大丰市水利局
26	盐城	大丰	大桥	大桥镇方向村2#井（潭中乔三组）	120°57′07.65′	33°06.18′	1989	138	Ⅱ	农村生活	0.27	B09820185	否	封填	区域供水到位	2015年	1.67	大丰市水利局
27	盐城	大丰	大桥	大桥镇方向村1#井	120°57′07.65′	33°04.78′	1982	135	Ⅱ	农村生活	1.0	B09820186	否	封填	区域供水到位	2015年	1.64	大丰市水利局
28	盐城	大丰	白驹	白驹镇洋心汊中心水厂2号井	120°30′00.08′	33°57.88′	1997	172	Ⅱ	农村生活	3.86	B09820021	否	封填	区域供水到位	2015年	1.87	大丰市水利局
29	盐城	大丰	白驹	白驹镇狮汊村井	120°30′00.08′	33°87.88′	1996	207	Ⅱ	农村生活	4.1	B09820004	否	封填	区域供水到位	2015年	2.25	大丰市水利局
30	盐城	大丰	白驹	白驹镇城村井	120°30′00.08′	33°88.10′	1997	180	Ⅱ	农村生活	0.5	B09820025	否	封填	区域供水到位	2015年	1.95	大丰市水利局
31	盐城	大丰	西团	西团镇插花村	120°28′08.04′	33°07′04.02′	1994	170	Ⅱ	农村生活	0.5	B09820065	否	封填	区域供水到位	2015年	1.69	大丰市水利局
32	盐城	大丰	南阳	南阳镇桥垛村茅东江井	120°34′34.15′	33°50.92′	1981	132	Ⅱ	农村生活	1.2	B09820068	否	封填	区域供水到位	2015年	1.65	大丰市水利局
33	盐城	大丰	南阳	南阳镇沿村呈东东井	120°35′34.75′	33°01.94′	1988	124	Ⅱ	农村生活	0.5	B09820201	否	封填	区域供水到位	2015年	1.55	大丰市水利局
34	盐城	大丰	南阳	南阳镇乡孙正智井	120°34′34.75′	33°04.12′	1988	187	Ⅱ	农村生活	0.77	B09820198	否	封填	区域供水到位	2016年	2.02	大丰市水利局
35	盐城	大丰	南阳	南阳镇洋花村潘春道1号井	120°32′02.89′	33°07.42′	1988	180	Ⅱ	农村生活	1.2	B09820022	否	封填	区域供水到位	2015年	1.74	大丰市水利局
				合计				3777									62.93	

图 6.4　大丰区封井清单图

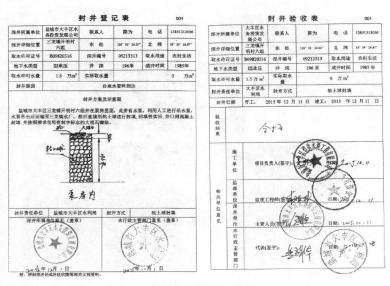

图 6.5　大丰区封井验收档案

图 6.6　机井封填现场施工图

6.3　河南省新郑市机井封填实例

新郑市为保护地下水、减少地下水超采，有效治理公共供水管网覆盖区域地下水超采问题，对公共供水区域企事业单位自备井进行封填处置。本节对新郑市地下水开发利用基本情况，机井封填的任务分工、奖补机制及封井流程进行介绍。

6.3.1　基本情况

新郑位于河南省中部，处于华北平原、豫西山地向豫东平原过渡的地带，属暖温带大陆性季风气候。气温适中，四季分明。年均气温 14.2℃，年均降水量 662.0mm。新郑市全市多年（1956—2000 年）平均水资源总量为 12484.04 万 m³。其中地表水资源量 7743.9 万 m³，年径流深 88.7mm，浅层地下水资源量 7096.54 万 m³，地表水与地下水相互转换的重复水资源量为

2356.4 万 m³。

6.3.2 任务分工

按照属地管理原则,各乡镇(街道、管委会)具体负责本辖区所有自备井的压采封停工作。

市住房和规划建设局:负责本次自备井压采封停工作总协调、停止自备井用水户排水工作,负责完善城市公共供水管网,扩大覆盖区域以及水源置换工作。

市水务局:负责全市自备井用水户压采封停工作和自备井封停的执法工作。

市财政局:负责水源置换、自备井封停等资金的预算、筹集和审核工作。

市公安局:负责对暴力抗法、干扰阻碍执法人员执行公务的违法行为予以打击,构成犯罪的依法追究其刑事责任。

市监察局、市检察院:负责对自备井关停工作的专项督查,对不作为的单位及相关人员进行责任追究。

市食品药品监管局:严把餐饮环节许可关口,配合市水务局开展餐饮服务单位自备井用水户压采封停工作和自备井封停的执法工作。

市工商质监局:洗浴、洗车、宾馆、酒店、饭店等行业拒绝封停自备井的,依法予以处理。

市国税局、市地税局:负责对自备井纳税用户税收的依法征缴和稽查工作。

6.3.3 封填原则

(1) 无证取水、取水证到期的酒店、宾馆、洗浴中心、洗车行的自备井、水源热泵井一律封停。

(2) 已经接通城市公共供水水源的自备井全部停止使用,予以封填。供水设备完好,具有良好补源条件的地下水回灌井按市政府批准的实施方案予以保留;供水设备老化的,拆除供水设备,自备井予以封填。

(3) 城市公共供水管网已到达,尚未接通城市公共供水水源的自备井用户，限时连通城市公共供水水源，城市公共供水接通后，限 5 日内予以封停。

（4）开采地下水的城市公共供水水源井，南水北调水源供水后，通过优化配置水资源，实现水源置换，逐步压采地下水开采量。

（5）禁采区内城市公共供水管网尚未覆盖地区，城市公共供水部门要加快公共供水管网的建设，2017 年底前全覆盖。

6.3.4　封填步骤

公共供水区域地下水压采工作分批推进，按照先党政机关、后企事业单位、最后居民用水户的顺序依次实施封停。

对于 100m 以内的机井，将灌浆机械安装固定后，将灌浆管（确保灌浆导管连接处严密）放入距井底 50～80cm 处开始向井内灌注，随时灌注、随时测量和随时提升灌浆导管，保证导管埋深不小于 1.5 m，直至灌注泥浆位置超过最上部滤水管 5m。对于 100m 以下的机井，先定制刚好能放入井壁的钢板，然后下入井内 80m 处作为井底，然后根据上述方式灌注泥浆。用优质黏土球封填，封填至井口以下 10 m 处。黏土球直径一般为 2.0～2.5cm，成分均匀，黏粒含量应大于 30%，塑性指数应大于 17，其含水率小于 10%，均匀回填，地下水位以上部位黏土球回填时，每 3～5m 回灌清水 1 次，以崩解黏土球。地面以下 10m 的井管内，用水泥向井管内灌注并振动均匀直至井口，恢复土地封填结束。现场施工情况如图 6.7 所示。

对于成井工艺较好、水质、水量有保证的机井进行封存处理，断电、吊泵并封死井口，防止污水及异物进入井内。建立围栏保护设立标志，注明封井单位、封井名称及封井时间移交给市节水办。

6.3.5　奖惩机制

（1）封停无取水许可证的自备井奖励办法。

1）封停枯井（井内无水）无奖励。

2）封停半枯井（井内有少量水）奖励封井成本费 1000 元。

图 6.7 现场施工图

3）封停居民家庭生活用井（正在使用中）奖励 2000 元。

4）封停行政、事业、企业用井（正在使用中），浅井（100m 以内）奖励 4000 元，浅深井（100～240m）奖励 5000 元，深井（240m 以上）奖励 6000 元。

5）封停商业用水大户的自备井（正在使用中），如宾馆、酒店、洗浴中心、洗车行、制水企业等，浅井（100m 以内）奖励 5000 元，浅深井（100～240m）奖励 8000 元，深井（240m 以上）奖励 10000 元。

6）拆迁区内自备井，因国家已按照有关赔偿条例进行补偿，不再奖励。

（2）封停有取水许可证企业的自备井奖励办法。

封停有取水许可证的企业单位的自备井，奖励 15000 元，取水许可证交至发证单位。

（3）对不予配合封停工作单位的处理办法。

对于不积极配合封停工作的单位，需通过强制执行封停的自备井一律不予以奖励。

（4）对各单位既定任务完成情况的惩罚办法。

由市公共区域地下水压采工作领导小组根据各乡（镇、街道、管委会）排查出的自备井总数，按比例对各乡（镇、街道、管委会）下达封停任务，各乡（镇、街道、管委会）按任务比例对辖区内的自备井进行封停。对 1 次没有完成既定任务的乡（镇、街道、管委会）进行通报批评；对于 2 次没有完成既定任务的乡（镇、街道、管委会）进行诫勉谈话；对 3 次没有完成既定任务的乡（镇、街道、管委会）给予 10 万元罚款，并向市委、市政府递交书面检查，采取相应的组织处理措施。自备井封停工作纳入各单位年度综合考评。

6.4　西安市应急备用井管理实例

6.4.1　基本情况

西安市地处关中平原腹地，关中平原面积约占全省总面积的 9.3%。地貌形态为三面环山，西部合拢向东敞开的盆地。渭河横贯盆地中部，由两侧山地向渭河依次分布有山前冲积洪积平原、黄土台塬阶地和河谷阶地等地貌类型。渭河以北阶地比较完整、宽大，台塬阶地宽广、平坦，连接成片；渭河以南阶地除西安以南的比较完整外，一般都较狭小、残缺，台塬阶地起伏较大，呈断续分布，塬面大小不等。关中平原地下水可开采量 28.28 亿 m³，特别是中心城市开采量较大。

西安市 20 世纪 90 年代前期，城市用水 95% 以上靠开采地下水，西安市域内 80％以上的工农业用水都靠抽采地下水。30年前西安南郊井深 40～50m 就能开采到的承压水，到 20 世纪 90年代中期已经下降到 120m 左右。常年严重超采，使城区承压水位急剧降低，形成了面积 200 多 km² 的地下水下降漏斗区，覆盖主城区建成区面积的一半。1996 年最严重时期，大雁塔向西北倾斜达 1.0105m。地下水漏斗中心水位埋深降至 138m，全市出现 14 条地裂缝，出露长度 72km，深度最大达 200m。西安市从 1999 年起，以创建国家级节水型社会建设试点为契机，紧紧围绕"封停自备井，涵养地下水，保障供水安全，改善地质环境"这一主题，抓住封停用水大户自备井的突破口，采取舆论宣传引导和行政执法为手段，全力推进封停自备井工作。2006 年陕西省人民政府印发《关于沿渭（河）主要城市地下水超采区划定及保护方案》，为封停自备井提供了强有力的依据，西安市成立了封井工作办公室，市政府成立了封井工作领导小组，下发了《西安市人民政府关于加强封停市区自备水源井工作的实施意见》，大大加速了封停自备水源井的进程。

6.4.2 机井封存和应急备用井建设

目前，全市共封停企事业单位、城中村集中供水井 2300 余眼，年减少地下水开采量 2.1 亿 m³，有效地遏制了地下水超采，使地面沉降、地裂缝发展的速度明显减缓，承压水位不断上升，上升幅度为 3.0～20.0m，其中南郊地区上升最为明显，上升 10.0～20.0m。

在关井的同时，西安市加强应急备用井建设，一些条件较好的封停井被改造为应急备用井。《西安市城市饮用水应急备用水源规划》将城区应急备用水井作为城区应急备用水源的重要组成部分，对部分封停井实施了改造提升，并加强监管。主要做法如下：

（1）结合自备井成井条件、供水现状和应急备用能力，工程措施和非工程措施相结合，合理确定应急备用水井改造提升的近、远期目标、任务和重点。

（2）分类实施更新改造。水井良好、抽水设备完备的，分有井房，应急管道改造设计；无井房，应急管道改造设计；无井房，应急管道改造设计，增加抽水设备设计；井壁管锈蚀或滤水管结垢、滤料堵塞洗井方案设计等情况分类更新改造。

（3）提升管护运行。统一标示和制度上墙；井房粉刷在内的井周 30m 内环境提升；落实专人管护并建立台账；建立水井档案完善供水应急预案；通信与信息保障；应急井改造提升示范工程。应急井可以实现分散和点状供水。发生应急情况，由西安市应急指挥部启动应急行动，市水务局启动应急井启动程序；市节水办、封井办启动应急备用井，组织消防、园林绿化部门供水车辆拉水送水；专人负责应急用水井现场协调和应急记录及上报应急指挥部；人员和车辆不足时由应急指挥部协调支援；应急事件结束后由市供水应急指挥部决定终止应急供水，应急供水井停止向社会供水并转入正常生产阶段；市节水办、封井办对应急供水期间的主要工作进行总结完善应急预案。

西安市分批对应急井进行了改造：一是 5 类 179 眼（32 眼一类封停自备井、1 眼矿泉水井、44 眼自备水井、2 眼应急场所井以及 20 处水源热泵井）水井进行了改造。改造后单井出水量均不少于 $35m^3/h$，日供水能力能够达到 7.78 万 m^3/d，能够保障在 I 级应急状态下 274.08 万人口的基本生活用水需求；二是对二级封停自备井 34 眼和回灌示范井 6 眼进行改造提升，增加应急供水能力 2.24 万 m^3/d。

在注重设备及设施管护的前提下，加强水质检验工作和应急供水演练。水井改造前应进行水质化验，若水质受到污染则可放弃改造，从同区域的其他水井中寻找相应的替代水井进行改造处理。改造完成后每年枯水期应进行一次水质化验。必要的应急供水演练，确保每口自备水井抽水量和车辆运输及群众分散用水等各个环节衔接和投入匹配。

6.4.3　应急备用井管理

为了加强应急备用井管理，西安市出台了《西安市应急备用

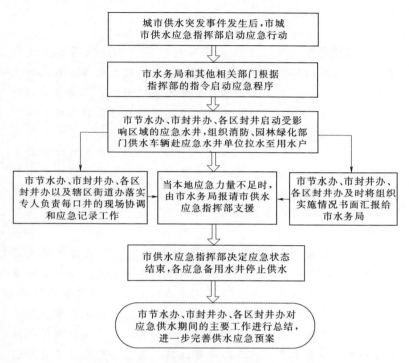

图 6.8 西安市城区应急备用水井启动运行流程图

水井管理办法》和《西安市应急备用水井使用管理制度》，形成制度化管理。

西安市应急备用水井管理办法

为保障城市供水安全，规范应急备用水井管理工作，根据《中华人民共和国水法》《西安市地下水资源管理条例》《西安市城市供水用水条例》的规定和要求，结合我市实际，制定本办法。

一、本办法所称应急备用水井，是指已纳入本市行政区域及城市供水应急预案统一管理的企事业单位自备水井，包括经批准的矿泉水井、特殊用途水井、水源地温空调井、应急避难场所取水井。

二、应急备用水井分为Ⅰ、Ⅱ、Ⅲ级三类。

Ⅰ级应急备用水井是指水质达到国家《生活饮用水卫生标准》常规检测指标、水量较大，取水设施、动力电源、取水计量设施等齐全完好，在城市供水出现突发事件不能正常供水时，即可启动且方便联网的企事业单位和应急避难场所的自备水井。

Ⅱ级应急备用水井是指水质达到国家《生活饮用水卫生标准》常规检测指标、水量较大，经市封井工作领导小组办公室（以下简称"市封井办"）封闭了井口，在城市供水出现突发事件Ⅰ级应急备用水井不能满足用水需求时，经市水务局同意，打开井口安装取水设施，具备供水能力的企事业单位和应急避难场所的自备水井。

Ⅲ级应急备用水井是指水质达到国家《生活饮用水卫生标准》常规检测指标、水量较大，在城市供水出现突发事件时，且Ⅰ、Ⅱ级应急备用水井不能满足用水需求时，经市水务局批准，向社会应急供水的矿泉水井、特殊用途水井、水源地温空调井。

三、应急备用水井不得擅自废弃，确需废弃的应提前半年报市封井办，经市水务局批准后方可注销。应急备用水井平时处于停运状态，当城市供水出现突发事件不能正常供水时方可启用，主要用于居民生活应急用水。

四、应急备用水井必须服从市水务局统一调度管理，在城市供水出现突发事件时，应急备用水井单位应主动承担向社会供水的责任和义务。

五、应急备用水井单位内部紧急使用时，应当先申报批准后方可启用，未及时申报的，事后应向市水务局补报，并按时缴纳相应的水资源费和污水处理费。

六、大型企事业单位、应急避难场所、特种消防需求单位、人口在1万人以上的学校、小区以及其他有特殊要求的自备水井，应向市封井办提出保留应急备用井的申请，经市水务局审查批准，方可纳入城市供水应急预案统一管理的自备水井。市水务局也可指定单位保留应急备用水井或根据应急水源分布情况在新选点打井。

七、应急备用井的设置应本着布点合理、设备良好、统一管理的原则，统筹考虑单位消防、生产安全和城市供水安全的需要。Ⅰ级应急备用水井由市水务局统一安装用水计量设施，发放（应急备用水井）取水许可证；Ⅱ级应急备用水井由市水务局纳入城市应急备用水源范围统一管理。由市封井办每年度对Ⅰ、Ⅱ级应急备用水井统一进行检查，对不符合要求的责令限期整改。

八、Ⅰ级应急备用水井的单位，应落实专人，负责应急水井日常管理，保持所有设施完好，并在泵房悬挂"应急备用井"统一标识，张贴"西安市应急备用井使用管理办法"。为确保Ⅰ级应急备用水井设施正常，每月应试运行4～8h，试运行时的月开采量控制在200t以内，年开采量不超过2000t。应建立试运行台账和管理记录。

九、未经批准擅自使用应急自备水井抽取地下水的，按有关法律法规处罚。

十、市水务局给予应急备用水井单位一定的日常维护补助费，应急供水期间所需部分物资由市水务局统一协调调拨，所需经费财政统一解决。

十一、本办法自2014年元月1日起实施。

西安市应急备用水井使用管理制度

一、保留一类应急备用水井的单位，应专人维护、管理，积极配合市水务局安装并保护好计量设施、实时监测系统设备。

二、允许每月试运行4～8h，试运行的月开采量控制在160m³左右，年开采量控制在2000m³以内。

三、应急备用水井调试运行期间抽取的地下水，应当充分节约利用，不得浪费。

四、应急备用水井不得作为常规水源井使用，否则取消备用资格，并按《中华人民共和国水法》《西安市地下水资源管理条例》的规定处以 2 万~10 万元罚款，并征收相应的两费（水资源费和污水处理费）。

五、所用应急备用水井必须服从市水务局统一管理和调度，在城市供水处于紧急状态时，承担向社会供水的责任。单位内部紧急使用时，应当先申报，经同意后方可启用。

六、保留应急备用水井的单位，应自觉遵守国家法律法规，自觉接受社会监督。

七、应急备用井的设置应本着布点合理、设备良好、统一管理的原则，统筹考虑单位消防、生产安全和城市供水安全的需要。Ⅰ级应急备用水井由市水务局统一安装用水计量设施，发放（应急备用水井）取水许可证；Ⅱ级应急备用水井由市水务局纳入城市应急备用水源范围统一管理。由市封井办每年度对Ⅰ、Ⅱ级应急备用水井统一进行检查，对不符合要求的责令限期整改。

八、Ⅰ级应急备用水井的单位，应落实专人，负责应急水井日常管理，保持所有设施完好，并在泵房悬挂"应急备用井"统一标识，张贴"西安市应急备用井使用管理办法"。为确保Ⅰ级应急备用水井设施正常，每月应试运行 4~8h，试运行时的月开采量控制在 200t 以内，年开采量不超过 2000t。应建立试运行台账和管理记录。

九、未经批准擅自使用应急自备水井抽取地下水的，按有关法律法规处罚。

十、市水务局给予应急备用水井单位一定的日常维护补助费，应急供水期间所需部分物资由市水务局统一协调调拨，所需经费财政统一解决。

十一、本办法自 2014 年元月 1 日起实施。

参 考 文 献

［1］ 水利部水资源司，南京水利科学研究院. 21 世纪初期中国地下水资源开发利用. 北京：中国水利水电出版社，2004.

［2］ 赵辉，高磊，董四方. 近期我国地下水管理重点工作的思考. 2013 (1).

［3］ 中华人民共和国水利部. 中国水资源公报 2015. 北京：中国水利水电出版社，2016.

［4］ 中华人民共和国水利部. 中国水资源公报 2016. 北京：中国水利水电出版社，2017.

［5］ 王晓玲，杜秀文，刘丽艳，等. 我国井灌建设可持续发展研究. 中国农村水利水电，2006 (8).

［6］ 孙永平，芦清芝. 机井使用年限、报废率及过量开采地下水的为害与对策. 灌溉排水学报，1992 (3)：22-26.

［7］ Gilbertson J. Abandoned wells Sealing Demonstration Project ［R］. South Dakota Department of Environment and Natural Resources，2002

［8］ Iowa. Iowa Code Sections. Environment Protection. 2002.

［9］ Ontario. Ontario Water Resources Act，Wells. 1990.

［10］ South Dakota. South Dakota Codified Law. 2012.

［11］ 赵忠贤.《供水管井技术规范》（GB 50296—99）几个问题探讨. 水文地质工程地质，2003，30 (4)：115-116.

［12］ 中华人民共和国住房和城乡建设部. 机井技术规范：GB/T 50625—2010. 北京：中国计划出版社，2011.

［13］ 中华人民共和国环境保护部.《全国地下水污染防治规划》（2011—2020 年），2011 ［7］.

［14］ 郭福盛，韩锡文，王德平，等. 废弃水井封填技术方法的探讨. 探矿工程（岩土钻掘工程），1999 (s1)：417-417.

［15］ 曲丰高，马爱华. 山东省机井建设现状、问题及对策. 地下水，1998 (3)：126-127.

［16］ 王兆福，杨莉，梁瑞成. 报废井井管直拔方法. 黑龙江水利科技，

2001，29（4）：94－94.

[17] 朱亚雷，彭庆彬，谷建芬，等. 朝阳区机井封填封存设计分析. 北京水务，2017（4）.

[18] 申豪勇. 报废机井处置技术与管理研究. 中国地质大学（北京），2013.

[19] 赵耀东. 我国地下水取水工程建设管理现状与对策. 地下水，2011，33（1）：123－124.